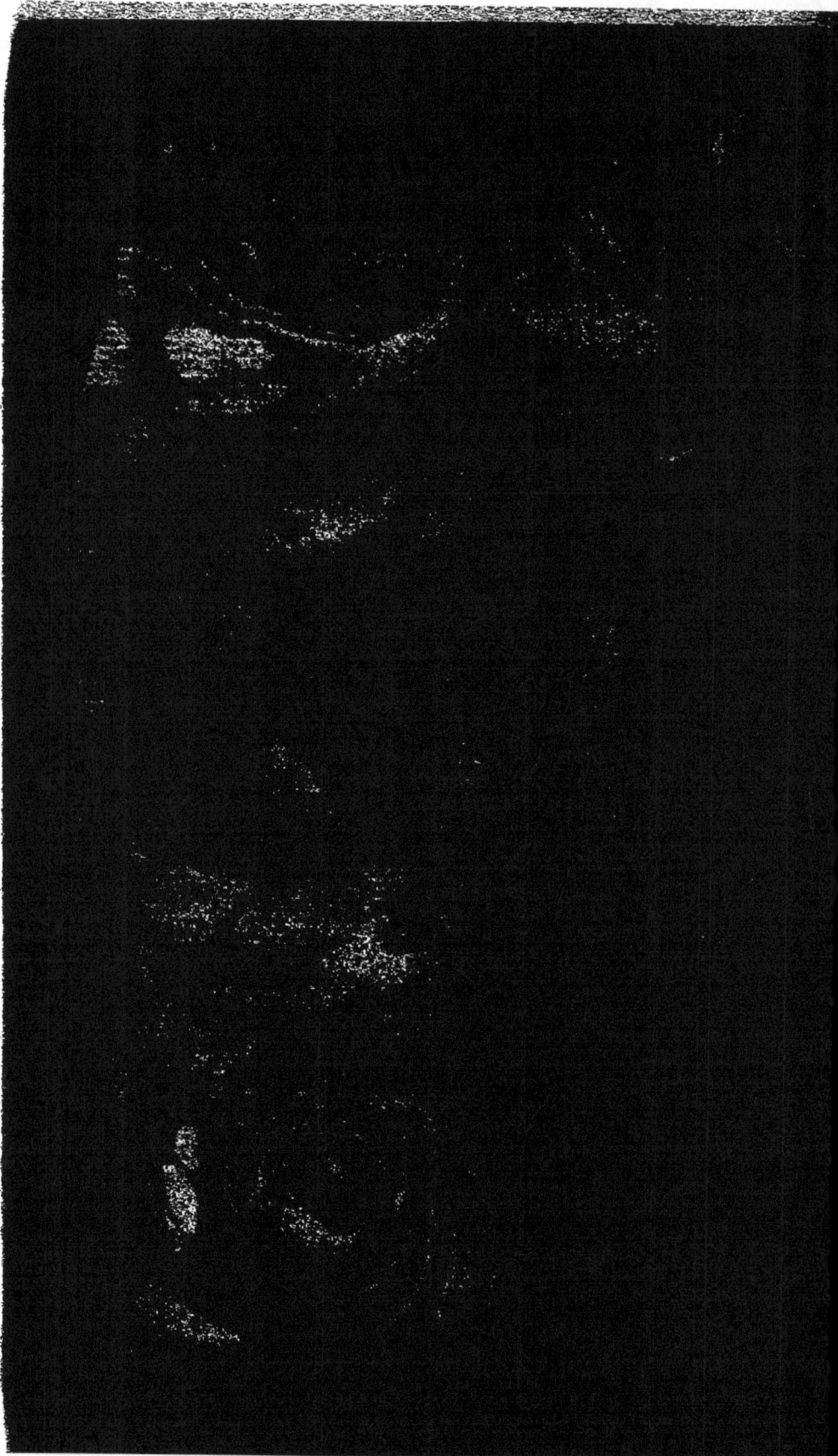

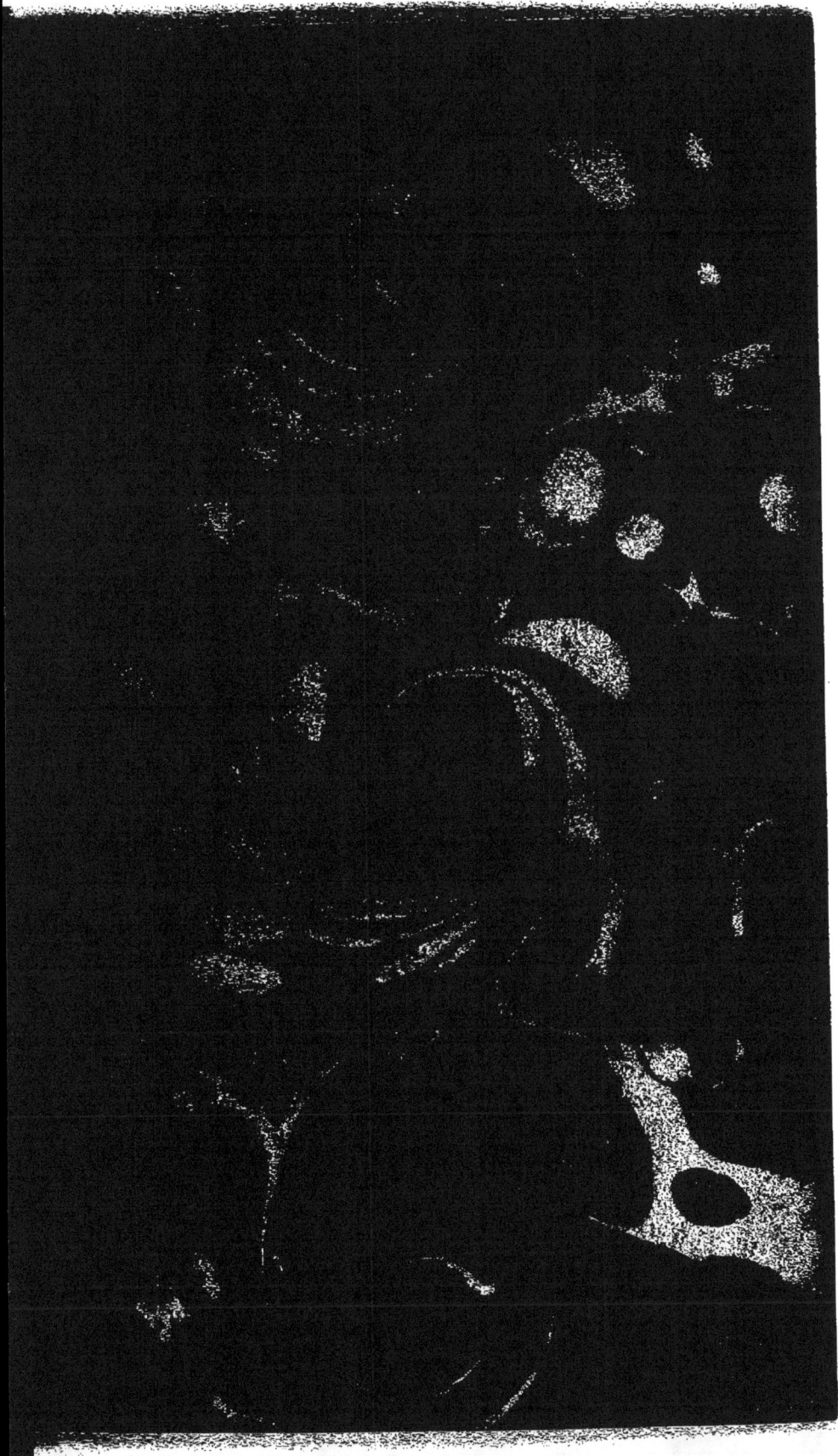

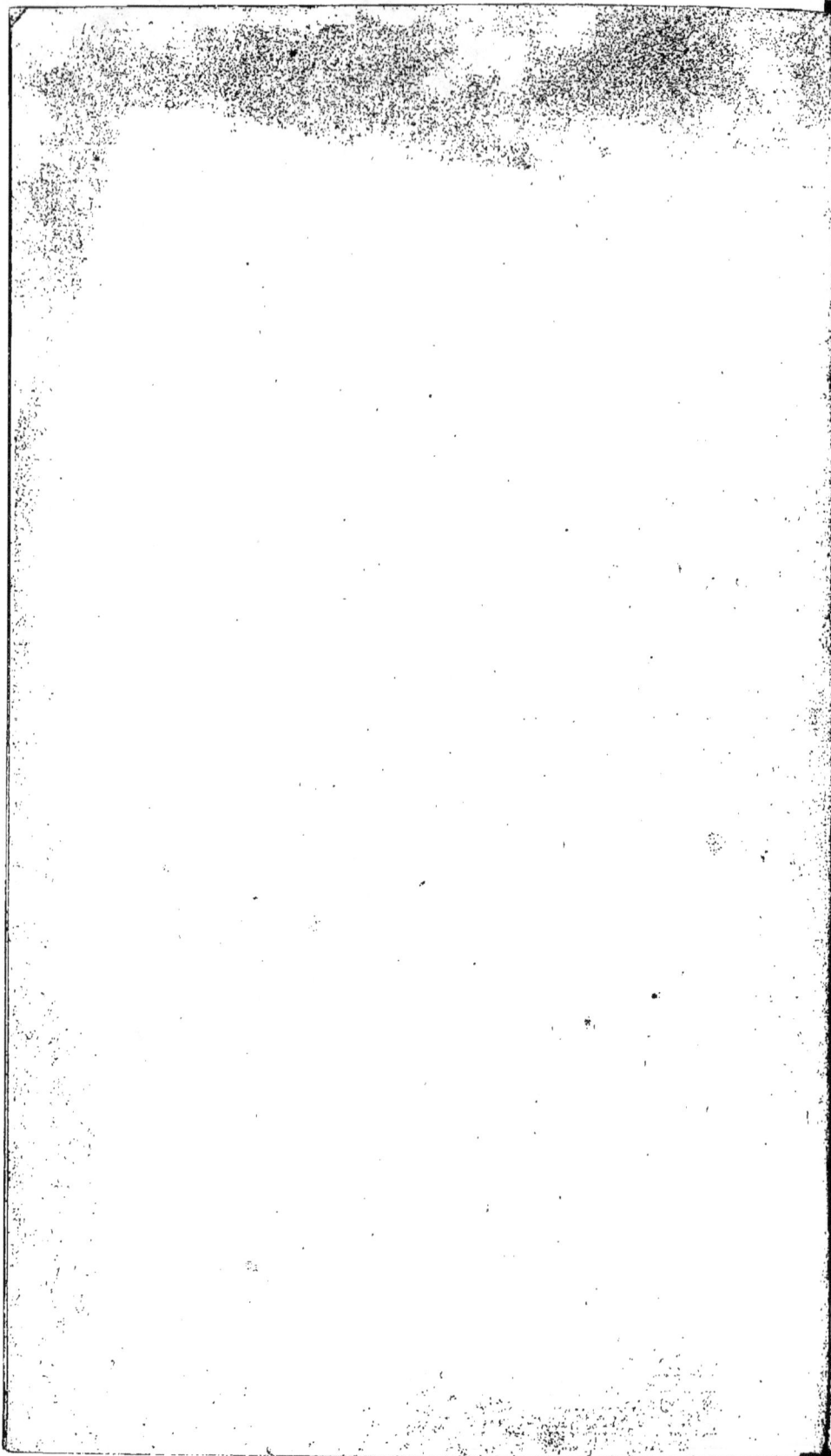

HISTOIRE

NATURELLE

DE

DE LA FRANCE

MÉRIDIONALE.

TOME PREMIER.

Une seule force est la cause de tous les phénomènes de la nature brute. DE LA NATURE, SECONDE VUE.

Le Règne des ...

HISTOIRE
NATURELLE
DE LA FRANCE
MÉRIDIONALE,

Ou *Recherches sur la Minéralogie du Vivarais, du Viennois, du Valentinois, du Forez, de l'Auvergne, du Velai, de l'Uségeois, du Comtat Venaissin, de la Provence, des Diocèses de Nîsmes, Montpellier, Agde, &c.*

SUR *la Physique de la Mer Méditerranée, sur les Météores, les Arbres, les Animaux, l'Homme & la Femme de ces Contrées. Avec cinq Planches doubles par Volume, & une Carte Géographique des trois Régnes.*

OUVRAGE *dédié au ROI, imprimé sous le Privilège & l'Approbation de l'Académie Royale des Sciences.*

Par M. l'Abbé GIRAUD-SOULAVIE,

TOME PREMIER.

❧

De l'Imprimerie de BELLE, à Nîsmes, & se vend :

A PARIS,

Hôtel de Venise, Cloître Saint-Benoît,

{ J. F. QUILLAU, Libraire rue Christine, au Magazin Littéraire.

Et chez { MÉRIGOT l'aîné, Quai des Augustins, près le Pont-Neuf.

{ BELIN, rue Saint-Jacques.

M. DCC. LXXX.

AU ROI,

SIRE,

L'HOMMAGE de l'Histoire Physique de la France, à VOTRE MAJESTÉ, n'est pas seulement un devoir de justice, mais un acte de reconnoissance envers le Protecteur des Sciences & des Arts, envers le tendre Pere de la Nation & le meilleur des Rois, qui ne respire que pour le bonheur de son Peuple.

Ces *dispositions de* VOTRE MAJESTÉ *annoncent à la France un Regne de prospérité & de gloire ; elles ont pénétré tous les ordres de la Nation d'un sentiment universel d'amour & de dévouement le plus respectueux.*

Pénétré moi-même de la plus vive gratitude envers VOTRE MAJESTÉ, *qui a daigné protéger mon entreprise de l'Histoire Physique de la France, & en agréer l'hommage, j'ose me dire avec le plus profond respect,*

SIRE,

DE VOTRE MAJESTÉ,

Le très-humble & très-obéissant Serviteur & fidele Sujet, l'Abbé GIRAUD-SOULAVIE.

APPROBATION & *PRIVILÉGE des deux premiers Volumes de l'Histoire Naturelle de la France Méridionale, concernant la Minéralogie de la Province du Vivarais.*

EXTRAIT des Registres de l'Académie Royale des Sciences, du 8 Juillet 1780.

MM. MORAND & FOUGEROUX ayant rendu compte d'un Ouvrage de M. l'Abbé GIRAUD-SOULAVIE, intitulé : *Histoire Naturelle du Vivarais* ; l'Académie a jugé cet Ouvrage digne de paroître sous son privilége.

En foi de quoi j'ai signé le présent certificat. A Paris ce 8 Juillet 1780.

Signé, le Marquis DE CONDORCET.

Le Privilége est à la fin du sixieme Volume.

FAUTES ESSENTIELLES A CORRIGER.

POUR LE TOME I.

P A G E , lignes, *lifez* :

1	23	Jufqu'aux plantes des fommets, &c.
20	8	Lefquels s'offre la matiere , &c.
Idem.	22	Par degrés , &c.
67	20	Le Perche , &c.
87	23	Les terreins foulevés , &c.
253	24	Les parois latérales , &c.
390	22	Vraifemblable fyftême fur la Nature,&c.
422	20	Dans un état ifolé.

POUR LE TOME II.

P A G E , lignes , *lifez* :

23	10	Par les eaux qui en coulant vers le Rhône ont rongé la roche vive , & formé les vallées en forme de rayons. Les Volcans qui ,
117	10	Elle étoient agitées par les Volcans. Voyez, à la , &c.
220	1	Cité , élaftique (*avec une , entre ces deux mots.*)
466	12	L'Hiftoire Naturelle des peuples , &c.

L'HISTOIRE NATURELLE annoncée en fix Volumes dont on publie aujourd'hui les deux premiers, eft compofée de fix ouvrages différens.

Le premier Ouvrage, fous le titre d'HISTOIRE NATURELLE DU VIVARAIS, paroît avec le Privilège & l'Approbation de l'Académie Royale des Sciences de Paris.

Le fecond fous le titre de VOYAGES MINÉRALOGIQUES DANS LA FRANCE MÉRIDIONALE, renferme des defcriptions des Volcans, Mines, Rivières, Fontaines, &c. obfervés dans le *Viennois*, *le Valentinois*, *le Forez*, *le Velay*, *l'Ufégeois*, *le Comtat Venaiffin*, *les bords du Rhône*, les Diocèfes de *Montpellier*, *de Nifmes*, *d'Agde*, & *le rivage de la Mer*. Ces voyages ont été faits par l'Auteur, en Septembre 1774, dans les mois d'Octobre, de Novembre & de Décembre de l'année 1779, & en Janvier 1780.

Le troifième Ouvrage traite DES ARBRES CONSIDÉRÉS SELON LEUR CLIMAT, depuis l'oranger de la Provence, jufqu'aux fommets des plus hautes montagnes de la France Méridionale.

Le quatrième contient des OBSERVATIONS SUR LES ANIMAUX DE CES CONTRÉES.

Tome I. A

Le cinquième traite de la THÉORIE DE L'HOMME, appliquée aux peuples des pays inférieurs & à ceux qui habitent les Plâteaux supérieurs des montagnes du Vivarais, & des autres voisines.

Le sixième enfin est L'HISTOIRE POLITIQUE DU VIVARAIS.

M. Adahson, de l'Académie des Sciences, a montré dans le Prospectus magnifique de son grand Ouvrage, les rapports de l'Histoire Naturelle avec toutes les connoissances humaines. Nous établirons, dans ce dernier, ceux qui se trouvent entre l'Histoire Naturelle & l'Histoire Politique d'un même pays.

L'Histoire Ecclésiastique du Vivarais sera déposée en manuscrit dans la bibliothèque du Roi.

On a employé des Caractères neufs assortis de tous leurs Ornemens, pour perfectionner la partie typographique. On a même fait graver des Vignettes & des Fleurons, la plûpart analogues à l'Ouvrage.

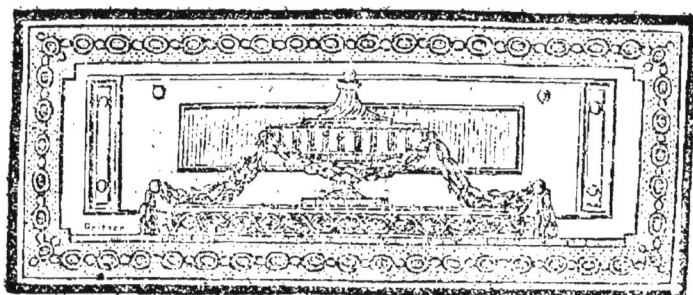

DISCOURS

SUR

L'HISTOIRE NATURELLE

DE LA FRANCE

MÉRIDIONALE.

ORSQUE l'amour des Sciences phyſiques eut conduit les Savans ſur le ſommet des plus hautes montagnes, le ſpectacle majeſtueux de la nature offrit à leurs regards les faits les plus importans des âges paſſés & préſens du monde phyſique.

On gravit ſur des pics juſqu'alors inacceſſibles : on découvrit des régions & des montagnes volcaniſées éteintes

par les loix deftructives des volcans ;
on ouvrit diverfes mines ; on trouva
des eaux minérales froides & chaudes,
que la Médecine convertit à l'ufage de
l'homme malade.

Les météores ne furent plus les
avant-coureurs des calamités publiques.
Les montagnes tombant en pièces, les
lacs éloignés des eaux courantes, les
fontaines intermittentes ou périodiques,
les grottes fouterraines & les précipices, les vallées & les plaines, les
roches vives & les argiles, annon-
cèrent, tantôt une deftruction lente &
perpétuelle des montagnes & des fubftances qui les compofent, tantôt une
forte de métamorphofe de ces êtres
divers.

Les agens de la Chymie de la nature, opérant en grand fur toutes ces
matières, font le principe de ces métamorphofes. Ce n'eft même que de
nos jours, que les obfervations chymiques, combinées avec les connoiffances naturelles, ont dévoilé plufieurs
caufes de l'altération de ces êtres.

Mais avant d'en venir aux defcriptions détaillées, avant l'expofition des tableaux phyfiques des contrées méridionales du Royaume que nous avons parcouru, examinons quelle eft la méthode la plus favorable à l'efprit, & quelle eft la véritable divifion du fol phyfique de la France.

DIVISION
DE L'HISTOIRE PHYSIQUE
DE LA FRANCE.

Le partage phyfique de ce Royaume eft bien différent du partage politique en Diocèfes, en Généralités, ou en Gouvernemens. Le hafard, ou divers événemens politiques occafionnèrent ces divifions arbitraires, dans l'établiffement defquelles la nature ne fut jamais confultée : la plûpart trouvent d'ailleurs leur origine dans des âges obfcurs d'une ignorance profonde.

On a obfervé, il eft vrai, dans la divifion de la France eccléfiaftique par Archevêchés & par Diocèfes, un refte de l'ancienne divifion des Gaules, fon-

dée fur l'économie phyfique de la
France.

Mais la fuppreffion, la création,
ou la tranflation de divers fièges ayant
dérangé cet ordre, ce feroit s'écarter
des plans généraux de la nature, que
de traiter l'Hiftoire naturelle de la
France par Diocèfes.

Le partage véritable & naturel de la
phyfique de ce grand Royaume, eft
fondé fur des principes plus relevés.

Quatre grands *Départemens*, ou
quatre *Provinces naturelles*, dont les
limites furent placées par la nature
même, font tout le fyftême de cette divifion. Ces départemens font les quatre
contrées arrofées par les eaux qui forment nos quatre grands fleuves, le
Rhône, la Seine, la Loire & la Garonne. (*)

_____

(*) Ces expreffions, *province phyfique*,
département des eaux du Rhône, *émerfions* &
autres femblables que nous devons employer,
paroîtront peut-être nouvelles; mais ceux qui
favent que l'Hiftoire Naturelle du Globe,
fcience très-moderne, eft encore dépourvue
de quelques expreffions, & que la géographie

Les limites qui féparent les eaux d'un fleuve d'avec celles du fleuve voifin , font des chaînes de montagnes , qui entourant chaque département forment quatre efpèces de baffins immenfes : & c'eft depuis le fond de ce baffin , qui verfe fes eaux dans les mers , jufques aux fommets de fes parois , que fe trouvent les monumens les plus importans des époques paffées du monde phyfique , les reftes de l'incendie des montagnes , les preuves de la formation des zones calcaire & granitique , & de toutes les fubftances minérales ou foffiles qu'elles contiennent.

C'eft, en effet, depuis le pied de ces chaînes de montagnes , jufques vers leur fommet, qu'on trouve, fouvent dans un ordre horifontal , des fubftances qui ont un droit inconteftable d'attirer les regards de notre fiècle éclairé, qui s'occupe avec tant de fuccès de la mi-

_____

phyfique eft dans l'enfance , permettront de fe fervir de ces termes , pour exprimer des faits & des obfervations.

A 4

néralogie, & de toutes les parties des connoiffances phyfiques.

Les hautes montagnes font compofées ordinairement de jafpes, de porphyres, de granits, de mines à grands filons : on y trouve des concavités affreufes, des précipices perpendiculaires, des pics tombant en vétufté, quelquefois des marbres les plus compactes (qui contiennent fouvent des animaux pétrifiés, dont les femblables n'exiftent plus), des volcans éteints, ou qui ne laiffent émaner que des eaux chaudes, des minéraux fublimés, des gas méphitiques, des flammes voltigeantes, foibles reftes de leur ancienne activité.

Dans le pays plat inférieur & vers le niveau du fleuve (dont les fources diverfes & les ramifications defcendent des hautes montagnes), la minéralogie s'offre fous des afpects différens. Ces contrées de formation récente font compofées de vaftes atterriffemens, de poudingues fluviatiles, de baffes montagnes de nature calcaire, dont les pétrifications incruftées font les fquelettes de plufieurs animaux qui trouvent leurs fem-

blables vivans dans nos mers. Entrons
dans un plus grand détail fur toutes
ces merveilles de la nature. Examinons
les contrées arrofées par le Rhône qui
baigne nos provinces méridionales de la
France, & qui verfe fes eaux dans la
Méditerranée (*).

Le Rhône eft le fleuve le plus puiffant & le plus rapide de la France. Il
a laiffé de toutes parts des monumens
affreux de fes ravages. La pente de fon
cours eft plus confidérable que celle d'un
grand nombre de fleuves connus. Il

(*) La Provence, la Savoye, le Dauphiné, le Lyonnois, une partie de la
Bourgogne, le Forez, le Vivarais & les
Cevènes, font arrofés des eaux du Rhône
ou des rivières qui tendent vers ce fleuve.
M. Guettard, de l'Académie des Sciences,
a traité la minéralogie du Dauphiné, en
naturalifte profond. L'Académie de Dijon
s'occupe de celle de la Bourgogne. M. de
la Tourrette, Secrétaire perpétuel de l'Académie de Lyon, à décrit le Mont Pilat.
M. Montet s'occupe de l'hiftoire des Cevènes. Nous laifferons à ces Savans le foin de
traiter la minéralogie de ces contrées.

ronge fans ceffe les divers territoires qu'il parcourt, il fe creufe un lit qui devient tous les jours plus profond, & laiffe à droite & à gauche des bancs confidérables de cailloux ufés par le frottement, qui s'agglutinent dans plufieurs endroits & forment des roches fecondaires.

Depuis ce niveau du *Bas-Rhône*, jufqu'aux fommets des montagnes fur léfquelles on trouve les fources diverfes des rivières qui nourriffent ce grand fleuve, les règnes *calcaire*, *granitique* & *volcanifé* paroiffent *fuperpofés* les uns fur les autres. Formant trois contrées féparées, & leur exiftence étant de diverfe date, ils offrent chacun un monument des trois grandes époques du monde, & des révolutions fecondaires qui ont fuivi ces trois faits principaux.

Encore ce mêlange de toutes ces fubftances diverfes, ces trois monumens importans ne font-ils que l'ouvrage des derniers âges du monde, tandis que leur formation primordiale, étant d'une origine plus ancienne, a exigé plufieurs obſervations locales & ſouvent vérifiées pour aſſigner à chacune ſa place natu-relle dans les ANNALES DU MONDE PHYSIQUE.

Mais avant d'en venir à ces vérités de conſéquence qui ne doivent être expoſées qu'après les obſervations & les faits , entrons dans les opérations de détail qui peuvent ſeules nous conduire vers d'autres plus relevées ; prenons un monument après l'autre ; accordons à l'eſprit une méthode qui s'accommode à ſa foible portée ; ſéparons chaque règne ; diſtinguons ſur-tout les ſubſtances mo-dernes d'avec les plus anciennes ; par-tons du plus connu vers le moins connu,

Après avoir fait ainſi la collection des faits néceſſaires , & après les avoir com-parés , nous les analyſerons ; nous ob-ſerverons la chaîne des cauſes , en nous efforçant de monter vers les plus éle-vées qui produiront les premiers effets, établiront des monumens, & montreront la nature dans ſes plus anciennes opé-rations.

RÈGNE CALCAIRE.

La matière calcaire est disposée ordinairement en forme de zone vers le pied
des montagnes. Elle forme, en Vivarais
par exemple, une zone isolée où l'on
trouve des montagnes élevées, des
vallées profondes, des sources de plusieurs rivières, des mines diverses &
des fontaines.

Outre l'*émersion* universelle des montagnes au dessus des eaux maritimes qui
en submergèrent toute la masse & qui y
déposèrent des témoignages authentiques de cet ancien séjour, on trouve
encore dans cette zone trois bancs considérables horisontaux, superposés & de
nature différente, qui composent tout le
territoire calcaire, offrant trois grandes
émersions distinctes & importantes de
cette zone au dessus du niveau des mers.

La carrière calcaire, antérieure en
existence, est un marbre vif, cassant,
très-compacte, divisé par des larges &
profonds sillons remplis de cristallisations spathiques, & ne contenant que
rarement des *restes d'anciens animaux*

marins pétrifiés, dont les analogues ne se trouvent plus dans nos mers actuelles.

Tels les marbres grisâtres de Cruffol en Vivarais, ceux de Cheylus en Coiron, ceux de l'Efcrinet, de Vogué, de Samzom, de Gras, ceux de Cette, qui ont une couleur de fer, ceux dont on fe fert à Viviers pour les fenêtres du féminaire qu'on y bâtit & qu'on tire d'une carrière magnifique du bord du Rhône, ceux enfin du Poufin, & généralement prefque tous ceux des plus hautes montagnes calcaires.

Le caractère diftinctif de cette carrière, d'avec celles dont nous avons parlé, c'eft de ne contenir que des pétrifications d'animaux dont les efpèces font perdues, telles que les Ammonites, les Belemnites & autres femblables.

La feconde carrière calcaire, toujours pofée immédiatement fur celle-ci, ou féparée feulement par quelques couches calcaires argileufes, eft moins compacte; elle fe convertit aifément en une matiere pulvérulente, ou en terre glaife; elle donne une chaux moins tenace, & n'a plus cette dureté des marbres dont nous venons de parler.

Le caractère diftinctif des carrières de cette nature, c'eft de contenir des *animaux marins pétrifiés dont les femblables ne vivent plus dans les mers ; mais ils font mélangés dans cette même carrière avec d'autres coquillages pétrifiés dont on trouve les femblables dans les mers actuelles.*

Enfin, la pierre blanche calcaire, tendre, difpofée en grands bancs dans les plaines baffes arrofées par les fleuves, comme à Paris, dans le Bas-Dauphiné, à Cruas en Vivarais, à Saint-Paul-Trois-Châteaux, à Nifmes, à Montpellier, &c., toujours pofée immédiatement fur l'une des deux carrières précédentes, paroît être de formation poftérieure & l'une des pierres les plus récentes.

Son caractère diftinctif eft de contenir des *coquillages pétrifiés, dont les analogues fe trouvent dans les mers* dont elle eft voifine.

L'exiftence & la diftinction effentielle de ces trois carrières principales, ne peuvent être combattues par aucun raifonnement. Il eft conftant qu'elles varient par leur pofition réciproque, par leur nature , par leur élévation refpective au-deffus du niveau des mers.

Il n'eft pas moins conftant que les animaux pétrifiés qu'elles contiennent , varient entre eux par l'étendue de bas en haut de leur domaine & par leur exclufion réciproque de quelqu'une des carrières, puifque la feule mitoyenne les loge indiftinctement dans fon fein.

Chacune de ces carrières que j'appelle *Carrières calcaires primitives ,* a fouffert des dégradations fingulières depuis leur formation.

De là les marbres par agglutination , les ardoifes calcaires , les tufs , les ftalagmites , les ftalactites , les fpaths , & toutes les fubftances calcaires , foit de tranfport , foit de nature argileufe.

Ces formations diverfes , quelque particulières & quelque féparées qu'elles foient du fyftême univerfel des productions , rempliffent les lacunes de l'Hiftoire chronologique de la nature ; elles montrent le degré de fes forces

dans fes opérations récentes, & servi-
ront un jour à l'Hiftoire univerfelle des
époques du monde phyfique.

RÈGNE GRANITIQUE.

L'afpect des montagnes granitiques
n'eft pas moins frappant que celui des
précédentes. Leur majeftueufe élévation, leurs crêtes faillantes, leur état
de dégradation & de vétufté, leurs
maffes féparées, tantôt par des vallées
régulières, & tantôt par des fentes
larges & profondes, ou plutôt par des
précipices perpendiculaires, leurs minéraux, les fchiftes & les grès qui les
avoifinent; tout cet amas énorme &
confus de matière vitriforme, font autant de monumens les plus frappans
& les plus expreffifs des viciffitudes du
Globe.

RÈGNE DES VOLCANS.

C'eft à travers ces maffes vives &
granitiques, & quelquefois à travers les
couches calcaires, que les feux fouterrains

rains projetèrent au dehors des maffes brûlées, des torrens de laves, des montagnes de matières calcinées qui établirent un troifième territoire pofé fur l'un des précédens. Nous commen- cerons l'hiftoire de ce nouveau règne, en rendant hommage aux Naturaliftes divers qui ont reconnu les premiers ces reftes des antiques incendies de nos Provinces : c'eft d'ailleurs la principale découverte de ce fiècle, qui donne quel- que jour à l'hiftoire phyfique du Globe.

La variété étonnante des laves *vo-* *mies* ou *projetées* fera d'abord l'objet de nos recherches ; elle nous conduira jufqu'à la connoiffance de la charpente intérieure d'une montagne volcanique, enfuite jufqu'à celle de fon foyer fou- terrain, & fucceffivement jufqu'à la matière primordiale qui fut l'aliment ou le principe des fubftances fondues ou torréfiées.

La lave bafalte attire fur-tout les re- gards des plus illuftres Naturaliftes de ce fiècle. La réunion de fes colonnes étroitement unies enfemble, (ouvrage fans doute de la concentration de

Tome I. B

la matière que l'état d'incandefcence avoit dilatée,) le fyftême de ces colonnes, les fubftances étrangères qu'elles renferment, tous les phénomènes qu'elles préfentent, font autant d'objets frappans dignes de la plus grande attention. Auffi avons-nous fait toutes les recherches poffibles pour en trouver les variétés.

Nous avons vu, tantôt des voûtes magnifiques de pierres de bafalte, taillées par la nature avec toute la géométrie des voûtes bâties par un Architecte éclairé ; tantôt des bafaltes globuleux formés de diverfes couches concentriques, femblables en quelque forte aux *ballons* dont on fe fert dans divers jeux, & qui font formés de plufieurs couches d'étoffe *juxtapofées*.

Ici c'eft une pyramide de bafaltes, que fa forme a préfervée des injures du temps : là ce font des bafaltes, (énormes larmes bataviques,) que le choc léger d'un corps étranger fait éclater à droite & à gauche en plufieurs millions de parties. Tous ces phénomènes magnifiques méritoient fans doute des def-

criptions particulieres , puisqu'ils tiennent à ceux de la plus sublime Physique.

Au dessus du basalte , on trouve ordinairement une seconde espèce de lave
poreuse , qui varie comme les terrains à travers lesquels ces laves furent
projetées.

De là , la division naturelle des pouzolanes diverses , qu'on trouve de tous
côtés dans ces Provinces volcanisées.

Tantôt la pouzolane est *pulverulente* ,
& dans ce cas , ce n'est qu'un détritus
de diverses laves autrefois solides &
poreuses, que les eaux , les gelées &
d'autres agens ont ainsi pulvérisées.

Tantôt elle est *argileuse* : elle semble devoir aussi ce changement à l'in-
tempérie des saisons , & sur-tout à
l'action de divers filons sulphureux qui
décomposent la plûpart des substances
qui les environnent.

Quelquefois la pouzolane est mêlée
avec des sables quartzeux : alors elle
porte dans elle-même une partie du
sable qui doit en former un ciment
le plus solide.

Elle est enfin mélangée quelquefois

avec des terres calcaires qu'elle a enve-
loppées dans le fourneau souterrain, ou
que les eaux de la mer ont formées au-
deſſus ; & dans cette circonſtance elle
n'eſt plus auſſi propre à former un ciment de la même tenacité.

Voilà les quatre grands aſpects ſous
leſquels la matière précieuſe dont les
Romains, ces Artiſtes immortels, ſe ſer-
virent pour éterniſer pluſieurs monumens, objets de l'admiration des Naturaliſtes modernes.

Nous prouverons dans le Corps de
l'ouvrage, que cette diviſion n'eſt point
fondée ſur des apparences extérieures ;
mais ſur la qualité intrinſèque de cette
ſubſtance, ſur celle des matières hétérogènes avec leſquelles elle fait corps,
& ſur les expériences faites avec ces
quatre divers matériaux.

L'examen de toutes ces laves nous
mène par degré à la connoiſſance des
montagnes volcaniques qui les ont vo-
mies, & ces obſervations nous conduiſent juſqu'à la théorie des *forces expul-
ſives*, de la direction de ces forces, de
la forme extérieure des bouches ſaillan-

tes qui en réfultent, des travaux d'une
éruption diftingués de ceux de la fuivante.

On monte enfuite fur les plâteaux
fupérieurs des hautes montagnes, pour
en comparer les volcans avec les volcans des vallées inférieures, & pour
en connoître les variétés.

Ces volcans élevés ont en général
des cratères ruinés par l'action des
vents, des neiges & des gelées qui durent fix mois de l'année.

Mais, depuis ces hauteurs jufques
au pays inférieur, on trouve une fuite
de volcans dont les formes extérieures,
les cratères, les coulées de laves plus
ou moins confervées, placées fur certains lieux, ou dans une certaine pofition, établiffent l'Hiftoire chronologique des éruptions anciennes & modernes.

Cette fucceffion eft fi réelle, qu'on
n'a qu'à faire un peu d'attention fur la
manière dont fe forment, à la longue,
les montagnes granitiques antérieures
aux volcans, pour l'établir par des
preuves incontestables.

Les fommets de ces montagnes granitiques font des plans plus ou moins inclinés, feuls monumens de la forme primordiale qu'elles avoient peut-être dès l'époque de leur formation.

Or, c'eft fur ces plaines élevées, que la lave bafalte coula en forme de torrent immenfe, & fur lefquelles on la trouve aujourd'hui. De forte que, quoique des profondes vallées aient été excavées au détriment de ces montagnes & de leur propre noyau, on trouve néanmoins aujourd'hui fur les crêtes de toutes ces antiques élévations, ces anciens bafaltes, qui ne firent d'abord qu'une feule coulée, mais que les temps & les élémens agiffans ont féparés, lorfqu'ils creuferent les vallées.

Ces édifices volcaniques font donc les reftes des plus anciens incendies de nos contrées, puifqu'ils ont brûlé avant la formation des montagnes, & avant l'excavation des vallées.

Tandis que les volcans fitués dans les lieux inférieurs n'ont brûlé que dans les tems modernes de la nature, & après la formation des montagnes, des vallées & même des plaines qui environnent les fleuves dont les lits font formés des décombres des montagnes fupérieures entraînés par les eaux.

Auffi ces volcans récens ont tous des cratères les mieux confervés, & des courans de laves fur lefquels les eaux exercent leur activité fous les yeux même des Naturaliftes de nos jours.

L'afpect du fol fondamental, les états divers de confervation des cratères, les formes géométriques établies par les expulfions, la plûpart des foyers qui ne font point éteints encore, des volcans qui agiffent en Italie au même niveau & fur des terres de même nature, montrent donc, fi je ne me trompe, que ces pays inférieurs renferment des volcans de l'âge moderne, & confirment la divifion que nous déterminerons des fix principales époques de tous nos volcans de la France méridionale.

Mais comme nous n'établiffons ces époques diverfes, qu'après avoir examiné foigneufement en particulier chaque volcan confidéré l'un après l'autre, nous nous arrêterons feulement, dans ce difcours préliminaire, au feul volcan de

B 4

St. Léger; car, quoique nous ne foyons point dans l'intention de décrire encore des faits particuliers, cette partie eſt aſſez intéreſſante pour arrêter notre marche.

Le volcan de St. Léger n'a plus de bouche ſaillante comme ſes voiſins, quoiqu'il ſoit ſitué dans le bas Vivarais. Les eaux de l'Ardèche, rivière rapide & puiſſante, coulant au pied du volcan, en mina peu à peu les maſſes mobiles. Il ne reſte plus que le cratère primitif, & les formes de ſa coupe creuſée dans la roche granitique antérieure.

Or, c'eſt dans ce petit réduit que la Chymie de la nature montre en grand la durée de ſes forces & de ſon activité.

Cet enfoncement, ou ce cratère primordial offre la forme d'une petite portion de ſphère concave. C'eſt un crible énorme, d'où ſortent des torrens de fluide méphitique, qu'on peut puiſer à pleins ſeaux comme l'eau de nos rivières. Les expériences faites dans ce cratère, les eaux chaudes minérales qu'on y trouve lorfqu'on les cherche avec des yeux attentifs, & lorfqu'on fe donne la peine de palper, les feux qui fe font élevés quelquefois de ce cratère, prouvent affez qu'il refte encore des feux fouterrains qui fe manifeftent au dehors fous tant de formes diverfes.

L'hiftoire de tous ces volcans n'eût point été complette, s'ils n'euffent été confidérés dans tous leurs rapports. Or, il eft conftant que ces contrées volcanifées influent puiffamment fur le caractère du peuple qui les habite : il falloit, pour s'en affurer, demeurer fur les lieux, en connoître à fond les habitans, leur caractère, leur hiftoire ancienne & moderne.

La combinaifon de ces connoiffances & de ces obfervations a donné la folution, fur cet article, d'un problême de phyfiologie le plus intéreffant. Nous renvoyons à l'ouvrage même la defcription du caractère diftinctif des peuples qui habitent ces contrées. La comparaifon de leur caractère avec celui des autres peuples qui habitent des pays

volcanifés confirmera peut-être nos
vues.

Toujours, eſt-il inconteſtable qu'un
terrain volcanifé que je prouverai abon-
der en fluide électrique, doit influer
ſur le génie d'un peuple, puiſque la
diminution de ce fluide énerve les corps
& les ames, & que ſon exaĉte diſtribution les entretient dans la ſanté &
dans l'aĉtivité naturelle.

Les plantes même, ces êtres dont
l'organiſation eſt infiniment plus voifine de la matière paſſive que nous,
éprouvent, de leur côté, l'aĉtion des
dernières forces des volcans éteints,
tandis que les élémens doués d'une
mobilité connue, font les ſubſtances
principales ſur leſquelles ces forces
agiſſent avec le plus d'aĉtivité.

Nous les avons ſoigneuſement obſer-
vés ces météores terribles occaſion-
nés par les derniers efforts des volcans
éteints. Placé ſur les hauts ſommets
qui dominent les volçans de la plaine,
ſur les crêtes & dans les cratères de
ces mêmes volcans, nous avons vu ces
effets du fluide électrique, ceux des

amas de gaz méphitique, & de tous les agens divers qui préfident à la formation des météores.

Le grand Montefquieu, à qui l'État vient d'élever une ftatue, trouvera donc des vengeurs qui établiront, par des faits, ce que cet Illuftre Français écrivit fur les variétés du génie des nations dans différens climats.

SECONDE PARTIE.

Tout ce que nous avons dit jufqu'ici fur l'Hiftoire naturelle, n'eft encore qu'un amas de confidérations ifolées, & la plûpart fans ordre fuivi.

A toutes ces obfervations fur les volcans, fur les règnes calcaire & granitique, il manque encore des *moyens de connexion ou des faits de liaifon* qui ne faifant qu'une hiftoire de trois hiftoires féparées, donne un *tout continu* & un *enfemble* dont les parties dépendent en quelque forte les unes des autres.

La pofition immédiate de ces zones les unes fur les autres, fut le *moyen de*

connexion qui fervit à cet objet ; elle
feule pouvoit conduire aux réfultats généraux. Nous l'obfervâmes plufieurs
fois cette pofition ; pour ne pas commettre un jour des anachronifmes dans
l'hiftoire chronologique de leur formation. Sans elle , l'hiftoire de toutes ces
contrées n'eft qu'une collection d'obfervations ou de faits qui ne prouvent rien.

Or, comme les recherches fur cette
pofition font les plus importantes du
règne minéralogique , comme la plûpart
des Naturaliftes furent fur cet article
d'un avis contraire , nous avons eu foin
de donner un itinéraire le plus détaillé,
pour que nos obfervations puiffent être
vérifiées, lorfqu'on voudra fe donner la
peine de confulter la nature fur les lieux.

Obfervons en attendant que , quoique
les hauteurs des montagnes foient d'une
nature différente de leur bafe , il ne s'enfuit pas qu'on doive juger que le noyau
des montagnes varie comme ces formes
extérieures.

Par exemple : les hautes montagnes
du Vivarais font toutes volcanifées , &
les moyennes font granitiques.

Mais de ce que ces hauteurs font volcanifées, s'enfuit-il que leurs régions
fondamentales foient volcanifées auffi?
N'eft-il pas démontré que ces fondemens font tous granitiques, & ces granits n'exiftoient-ils pas avant toute éruption?

De même, de ce que le fommet
d'une montagne eft granitique, tandis
que le pied de la montagne eft calcaire,
s'enfuit-il que le noyau de la montagne
foit granitique auffi ? Peut-on juger de
la terre fouterraine par des formes extérieures ? Il eût fallu plutôt obferver
leur point de féparation mutuelle, la
grande ligne de *démarcation* qui fépare ces deux régions, fouiller les
bafes de ces montagnes, parcourir dans les travaux profonds des
mines leurs noyaux fouterrains,
voir & palper les fubftances fondamentales, pour décider fi la matière
granitique fupérieure eft pofée immédiatement fur la calcaire qui lui fert de
fondement, ou bien fi ces crêtes granitiques fupérieurs, exiftant antérieurement, ont été revêtues après coup

des matières calcaires environnantes.

Qui ne voit, d'après cet exposé, que c'est ici l'observation la plus importante & la plus néceſſaire dans l'établiſſement des époques de la nature? C'est auſſi cette importance que nous avons voulu montrer par toutes ces remarques préliminaires.

Mais avant d'en venir aux deſcriptions hiſtoriques qui en ſont le réſultat, avant de traiter l'hiſtoire chronologique de la terre qui en eſt la conſéquence, rendons l'hommage dû à ceux qui viennent de publier leurs recherches ſur cette partie de l'hiſtoire naturelle.

La phyſique de la terre n'eſt point bornée à la ſeule deſcription des faits qui ſe paſſent ſous nos yeux dans le monde organiſé, ni à la ſeule vue des minéraux tels qu'ils ſe préſentent dans le temps actuel. Après une grande collection de faits, on pouvoit débrouiller les époques paſſées de la nature, & ce n'eſt que de nos jours que les Naturaliſtes en ont conçu le deſſein.

L'antiquité la plus reculée n'eut

jamais l'idée de l'ouvrage fublime que M. de Buffon vient de publier fur l'Hiftoire des âges paffés de la nature. Ce livre parvenu déjà entre les mains de tout le monde, n'a pas befoin ici d'une analyfe.

MM. de Marivetz & Gouffier, Naturaliftes éclairés & profonds, nous annoncent auffi dans un Profpectus fur la *Géographie phyfique de la France*, leurs recherches fur la formation des montagnes, des lits des fleuves & de leurs baffins, & fur l'âge de la terre.

Des principes qui femblent contraires à ceux des *Epoques de la Nature*, font une des parties fondamentales de de cet ouvrage, autant qu'il eft permis d'en juger par l'expofition du *Profpectus*. MM. de Marivetz & Gouffier établiffent une augmentation perpétuelle de chaleur dans les entrailles du globe, pour en décrire l'Hiftoire paffée, préfente & future, tandis que la diffémination du feu dans le globe, & la déperdition lente de cet élément furent l'horloge, pour ainfi dire, qui fervit à M. de Buffon, pour calculer les mêmes âges du monde.

Les principes que nous avons adoptés pour décrire l'HISTOIRE ANCIENNE DU GLOBE, sont fondés sur des faits d'une autre nature; l'augmentation & la diminution du feu nous sont étrangères. La seule retraite des eaux maritimes, reconnue aujourd'hui pour un fait, est la vérité que nous avons choisie pour mesurer le temps employé à la formation des subfances extérieures de la terre.

Nous les verrons, ces mers, diminuer peu-à-peu; descendre des sommets des montagnes calcaires, laisser ensuite, à diverses stations, plusieurs monumens de cette partie de l'Histoire ancienne du Globe, établir diverses carrières calcaires parallèles, horifontales & *superposées*, qui contiennent plusieurs familles d'animaux marins, aujourd'hui en état de pétrification.

Nous les verrons ensuite, ces mêmes eaux, détruire en partie elles-mêmes leurs propres édifices, tracer les premiers *linéamens* des fleuves & des chaînes

chaînes de montagnes qui les féparent, & placer à diverfes hauteurs des monumens de toutes ces anecdotes phyfiques, que nous avons obfervés dans nos régions montagneufes, avec plus d'ardeur encore que le Littérateur ou le Généalogifte qui fouillent dans les bibliothèques & les archives, pour débrouiller les faits moraux de l'efpèce humaine, placer des dates & leur donner un ordre de chronologie.

Des obfervations commencées depuis plufieurs années, vérifiées & confirmées enfuite par deux différentes fois au bord de la mer, nous ont fervi à calculer le temps employé par la Nature à ces grandes opérations. Elles font notre véritable mefure des âges paffés, fans qu'on puiffe contefter les vérités fondamentales de cette théorie, puifque les Naturaliftes les plus éclairés reconnoiffent aujourd'hui cet ancien féjour des mers, au-deffus des plus hautes montagnes calcaires.

Telle eft, en peu de mots, l'hiftoire de l'*apparition* des terres fubmergées, au deffus du niveau des mers. Ces ob-

Tome I.   C

fervations, lues à l'Académie des Sciences de Paris, ont pris leur date dans
la féance du 14 du mois d'août 1779;
elles ont été paraphées enfuite par MM.
les Commiffaires nommés, pour qu'on
ne les foupçonne point de plagiat, lorfqu'elles paroîtront dans l'*Hiftoire ancienne & chronologique du globe terreftre*,
deux Savans ayant annoncé vers cette
époque de grands travaux fur cette partie, dans un profpectus fur la géographie de la France.

La zone *granitique* qui touche la calcaire dont nous venons de parler, offre
encore des tableaux auffi expreffifs que
ceux de fa voifine. L'époque de fa formation eft affignée. Celle des fchiftes
& des grès vitrifiables eft établie immédiatement avant celle des anciens
volcans éteints, découverts dans notre
France *méridionale*.

En effet, lorfque par l'abaiffement
des eaux maritimes, les montagnes eurent paru hors du fein des mers, lorfque le règne végétal fe fut emparé des
nouvelles contrées, les feux fouterrains
fecouèrent alors les régions granitiques

& calcaires, ils répandirent en forme
de plateaux d'une très-longue étendue
des coulées immenses de basaltes, après
avoir déchiré ou tranché verticalement les roches les plus vives de granit & de marbre, & projetèrent dans les
airs d'énormes quartiers de roches calcaires & granitiques, qu'on trouve engagées dans les courans de lave sur les
croupes des montagnes volcanisées.

A cette époque les pentes des fleuves
& leurs sources primitives furent déran-
gées notablement ; la Géographie physique primordiale fut anéantie ; les bassins des fleuves perdirent leur ancienne
forme ; mais, après une grande succes-
sion de siècles, lorsque les eaux maritimes eurent diminué de plus en plus,
lorsque le sol découvert fut excavé de
mille vallées par l'action des eaux,
lorsque la terre fut hérissée de toutes
sortes d'aspérités plus ou moins élevées
au-dessus du niveau des mers, les
volcans, suivant la trace en quelque sorte des eaux maritimes, brûlèrent dans
les régions inférieures, & sur-tout dans
le voisinage de l'océan universel, de

forte que les volcans éteints de la France méridionale, placés à diverses hauteurs ou stations, font encore des espèces de monumens de l'ancien-séjour des mers sur nos montagnes : aussi M. de Fougeroux de Bondaroy, savant Naturaliste, a-t-il observé que tous les volcans brûlans d'un feu d'éruption violent & en activité, étoient tous situés, ou dans des îles ou au voisinage de la mer.

Ainsi les Phénomènes des volcans récens ne font pas moins grands que ceux des anciens ; ils ont répandu dans les vallées formées nouvellement, des fleuves énormes de matières projetées & fondues, qui ont descendu, comme les eaux, l'espace de plusieurs lieues au delà de leurs sources ; & les monumens de ces éruptions s'observent encore dans nos Provinces.

Ce font tantôt des plaines horizontales situées au pied des volcans, telles que celle de Thueits en Vivarais, & plusieurs autres du voisinage, & tantôt des vallées comblées, mais que le courant des mêmes eaux qui avoient excavé les vallées antérieures, mine tous les jours, en creufant des nouveaux lits de rivières, laiffant à droite & à gauche des majeftueufes élévations perpendiculaires de colonnes bafaltiques, qui, par cette pofition, dévoilent des myftères opérés dans l'intérieur des laves pendant leur refroidiffement.

Voilà, en peu de mots, les réfultats de nos recherches fur les époques paffées des volcans & des autres contrées voifines.

Les plaines des environs des mers & les bords des grands fleuves font d'une origine moins noble que les montagnes & les zones précédentes.

Celles-ci devoient leur formation à des véritables convulfions de la nature, à des forces majeures des élémens, tandis que les vaftes atterriffement dont nous parlons, ne font que des décombres entraînés par les eaux des montagnes granitiques, calcaires & volcanifées.

Encore ces deftructions ne font-elles que le réfultat de quelques opérations

C 3

les plus simples de l'élément d'eau & des substances dissoutes ou détachées.

Les cailloux & les sables en sont les matériaux principaux, & la matière organisée qui a vécu, & s'est propagée sur ce terrain, l'a rendu végétal, en détruisant son ancienne force de connexion, par l'interposition des substances animales hétérogènes.

On trouve seulement quelques poudingues fluviatiles, ou cailloux aglutinés sur les bords des fleuves, qui, lavés par les eaux courantes, & dégagés des détrimens de la matière organisée, jouissent encore, en quelque sorte, de cette ancienne force de vicinité ou de connexion.

Aussi découvre-t-on chaque jour des restes de ces anciens êtres organisés qui existèrent les premiers dans ces terres. Des dents d'éléphans, des cornes de cerfs, des os d'animaux quadrupèdes agatisés, des arbres pétrifiés, triturés, &c., se trouvent communément dans ce cimetière universel du monde organisé.

Les travaux de l'homme ont été

même observés à cent pieds de profondeur ; de sorte que les plaines du Bas-Vivarais , du Bas-Dauphiné , du Comtat Venaissin & des bords du Rhône , jusqu'à la mer méditerranée , ne doivent leur formation qu'à ces déblais des montagnes supérieures.

Placé à présent sur un si beau terrain , & parvenu d'ailleurs aux temps les plus modernes de la nature , rien n'empêche de passer de l'ordre minéralogique à l'ordre végétal qui doit former une partie de notre ouvrage.

HISTOIRE
DU RÉGNE VÉGÉTAL.

L'élévation des diverses zones minéralogiques parallèles , horizontales , fut la mesure du temps employé par les mers à descendre de ces hauteurs , à former les carrières , & toutes les variétés de la matière calcaire.

De semblables degrés deviennent à présent des barrières qui formeront les climats qu'affectent d'habiter les individus du règne végétal.

C 4

Le feu est le principe de vie de cette sorte d'êtres organisés : il développe, pendant leur accroissement, leurs principes constitutifs ; il les conserve, il mûrit leurs fruits & perpétue leurs races.

Sans chaleur ou sans feu, il n'est point de vie dans l'ordre végétal.

Or, comme le feu ou la chaleur varie en intensité du plus au moins du pays inférieur vers les hautes montagnes, région des neiges & des glaces, il s'ensuit que le système végétal est composé d'autant de zones parallèles & horizontales, qu'il y a d'espèces de plantes sur la terre ; & c'est cette superposition que j'appelle *climat des plantes*, comme dans l'ordre minéralogique je l'ai appelée *Domaines des différentes familles d'animaux pétrifiés*.

De sorte que, si nos continens étoient submergés aujourd'hui par un Océan, si la vase des mers combloit toutes nos vallées, & si les plantes & les arbres qui sont actuellement en place, venoient à se pétrifier, on trouveroit dans les âges futurs de la nature, des zones superposées en élévation, & habitées exclusivement par une telle ou telle autre espèce d'arbres ou de plantes pétrifiées.

D'après ces vues sur les climats des plantes, plaçons-nous dans la plus basse de leur zone située au pied de la mer Méditerranée, où la chaleur athmosphérique est la plus grande, & où, par conséquent, les forces végétales & la variété des végétaux doivent être plus considérables.

Du rivage de la mer, montons, en suivant le cours des fleuves & des eaux, vers les sommets des montagnes du Vivarais, de la Savoye ou de la Suisse, dont la plûpart sont couvertes de glaces éternelles ; nous verrons les forces de la Nature s'affoiblir peu-à-peu en raison de la chaleur atmosphérique ; nous ne trouverons plus sur ces hauteurs, que des plantes de la Suède ou du Nord, décrites par le Savant Linneus ; des arbustes y prendront la place des arbres élevés d'une région plus chaude inférieure, & quelques fruits acidules succéderont aux fruits fucrés de Languedoc & de la Provence.

En confidérant ainfi la Nature dans la plus conftante & la plus générale de fes opérations fur les êtres organifés , nous avons traité les grandes plantes de nos provinces méridionales felon ces obfervations.

Six zones diverfes , ou fix climats principaux ont été affignés depuis la baffe Provence jufques aux crêtes glacées des montagnes du Vivarais. Et comme nous avons refté dans cette dernière province , il nous a été facile de fixer les limites ou les climats divers de ces arbres , & notamment de l'oranger , de l'olivier , de la vigne , du châtaigner , des fapins & du refte des plantes alpines.

Les bornes des climats refpectifs de chaque arbre , font placées ; une obfervation , ou plutôt une loi fondamentale en eft la bafe & le principe. Nous exprimerons ainfi cette loi dont les Naturaliftes éclairés dans la phyfiologie des plantes , reconnoîtront aifément la vérité.

La diminution réelle de la chaleur de la terre, qui est un fait avéré, prise de bas en haut, détermine chaque plante à se choisir le climat dont le degré mitoyen de chaleur est nécessaire à sa vie, à son aggrandissement & à la propagation de son espèce.

LES ANIMAUX.

Les animaux de la classe des quadrupèdes devoient sans doute éprouver les influences des climats analogues à leur constitution ; ils devoient ainsi, dans le principe des choses, se choisir une athmosphère dont le degré de chaleur fût analogue à cette constitution.

Mais l'homme, que l'ambition & l'adresse rendirent le roi des animaux, subjugua bientôt les espèces que la nature avoit rendu solitaires, libres, ou peut-être portées par inclination à la férocité ; & si nous laissons à part ces différentes familles, si nous passons sous silence celles qui fuyent les lieux habités, & qui sont ainsi hors de leur climat naturel, nous trouverons dans un grand

nombre de ces espèces indomptables une
prédilection pour les pays froids,
tandis qu'il en est d'autres qui ne peuvent vivre ni se propager que dans les
pays les plus chauds.

L'HOMME.

Mais c'est sur l'espèce humaine sur-
tout que se fait sentir l'influence des
climats. Sur nos plateaux élevés, il
n'est point, il est vrai, de Lappons
que des glaces perpétuelles ont fait
dégénérer ; toujours observe-t-on dans
nos montagnes des phénomènes qui
méritent bien une place dans l'histoire
naturelle ou physiologique de l'homme.

Mais avant d'entrer dans le détail
circonstancié de ces phénomènes, nous
croyons devoir poser quelques principes qui font la base de notre théorie.

Il existe dans l'homme un principe
de vie ou d'activité que j'appelle *force
active.*

Cette force active dont je prouve
l'existence est double dans l'homme.

Tantôt je l'appelle *force active mé-*

chánique, & tantôt *force active sensible.*

La *force active méchanique* réside dans les muscles, dans les vaisseaux, dans tous les solides du corps animal.

La *force active sensible* réside dans le système nerveux seulement.

Cette seconde force, appelée *sensible* est encore double. Tantôt elle agit du dehors au dedans, c'est-à-dire, lorsque les nerfs font passer à l'ame l'impression des objets extérieurs.

Et tantôt elle agit du dedans au dehors, c'est-à-dire, lorsque ces mêmes nerfs font passer au dehors par les mêmes sens les impressions de l'ame.

Cette ame qui est soumise à toutes les influences connues du corps, est libre dans ses volontés, spirituelle dans fa constitution, immortelle dans l'ordre de la Providence.

Mais les *forces actives méchaniques* & les *forces actives sensibles* participant de la pure matière, font sujettes à toutes les variations de la matière.

C'est même dans leurs degrés divers d'intensité, c'est-à-dire, dans leur *aug-mentation* ou dans leur *diminution* vi-

cieuſe , qu'on doit trouver la cauſe des
tempéramens qu'on n'a point encore
conſidérés ſous ce rapport.

Tandis que la cauſe des diverſes maladies de l'homme n'a d'autre origine
que ces degrés divers d'intenſité ,
la mort en eſt la *proſtration* irré-
vocable.

Entrons à préſent dans quelques détails ſur ces forces diverſes ; nous ap-
pliquerons enſuite ces raiſonnemens à
nos montagnards & à l'habitant des
plaines inférieures ; nous en déduirons
la *géographie médicale de nos provinces*,
& la théorie des tempéramens divers
qui y varient comme les climats , c'eſt-
à-dire , comme les degrés de force active méchanique de l'eſpèce humaine
dans nos diverſes contrées.

Nous avons établi , par pluſieurs faits
avérés , dans l'être organiſé l'exiſtence
des forces actives purement méchaniques & des forces ſenſibles.

C'eſt à préſent dans leurs degrés divers d'intenſité que nous établiſſons la
cauſe des maladies.

Toutes ſont produites par *augmenta-*

tion vicieuse , par *diminution vicieuse* , ou enfin par *aberration* de quelqu'une de ces forces : ainsi ,

1°. *L'augmentation vicieuse des forces actives méchaniques* , & *des forces actives sensibles* , produit les maladies ardentes , les tensions diverses , les spasmes généraux ou partiels.

Dans ces sortes de maladies très-nombreuses , toutes les forces méchaniques semblent se réunir pour opérer *l'expulsion.*

2°. *La diminution vicieuse des forces actives méchaniques & sensibles* produit les maladies chroniques , les foiblesses , & du côté de l'ame , la pusillanimité & le découragement.

3°. Mais c'est dans *l'aberration* de ces forces qu'on trouve la solution d'une infinité de problèmes que présente l'homme malade. J'appelle *aberration des forces méchaniques & sensibles* un usage insolite de ces forces , d'où résultent , du côté de l'ame , les folies , les absences d'esprit , les maladies morales , les manies , &c. , & du côté méchanique , les vices du corps , les conformations vicieuses.

Voilà tous les phénomènes de la vie humaine dépendans des caufes les plus générales qu'il foit poffible, je crois, d'affigner : c'eft auffi de ces feuls principes (dont nous prouverons la réalité) que nous faifons dépendre les maladies diverfes, les caractères différens, & toutes les variétés fous lefquelles l'homme fe préfente en fanté comme en maladie, foit dans les pays des plaines inférieures, foit fur les plateaux fupérieurs des montagnes.

De là encore réfultent les paffions diverfes de ces deux efpèces de peuples. Entrons dans un détail plus particulier fur le génie, la vie, les mœurs, le caractère, les maladies & les âges divers de ces habitans.

Les principes par lefquels on peut établir la *géographie médicale* de nos contrées méridionales, font fondés fur les divers degrés d'intenfité des forces dont nous avons parlé.

Et les divers degrés de ces forces font fondés fur les divers degrés d'élévation des climats habités.

Nous n'établirons point ici les nuances

qui

qui mènent d'une extrémité à l'autre ;
mais nous rappellerons au Lecteur que
fur le fommet des hautes montagnes,
l'homme doué du tempérament dont
nous donnerons la defcription, y jouit
de la fanté la plus robufte : les efpèces
de maladies connues y font peu nom-
breufes ; c'eft le climat de la forte conftitution & de la fanté.

Tandis que dans le climat inférieur
toutes les maladies connues y ont établi
leur règne.

C'eft donc d'après le dénombrement
de ces maladies diverfes, d'après des
vues générales fur leurs caufes, &
par le caractère phyfique des hommes
de ces deux contrées, qu'on peut, en
combinant ces vues diverfes, établir
le règne de telle maladie ou de telle
autre : nous fommes fondés, à ce fujet,
fur l'expérience & fur les obfervations.
Vacant aux fonctions de notre ancien
miniftère, nous avons été à portée
d'obferver l'homme dans fes maladies & à la mort.

Nous décrirons les fymptômes phyfiques de ce dernier phénomène de

Tome I. D

l'homme ; nous le verrons dépendre de nos principes établis ci-deſſus ; principes univerſels, qui s'étendent dans tout l'*orbe* des êtres organiſés, qui commencent à la vie de l'individu & qui finiſſent à la diſſolution même de ſes principes par la *proſtration*, phénomène que le philoſophe fait enviſager d'un œil ſerein, & auquel il ſe prépare pendant la vie.

C'eſt en appliquant ces principes aux divers aſpects ſous leſquels l'homme ſe préſente ſur nos montagnes ſupérieures, que nous expliquons la mortalité des nouveaux nés plus conſidérable que dans les pays inférieurs, le retard de l'âge de la puberté, le caractère de l'âge viril, la paſſion décidée pour le vin, le tabac, les liqueurs fermentées & les alimens de haut goût, l'état du génie relativement aux ſciences, la nature de la langue dont ils ſe ſervent pour exprimer leurs affections, les phénomènes enfin de la vieilleſſe, qui ſont une ſuite de la conſtitution & de la vie qui conduiſent à cet âge les habitans des montagnes.

LA FEMME.

Le fexe méritoit fans doute un article féparé : on jugera même que notre hiftoire naturelle eût été incomplette, fi, fans nous arrêter aux formes extérieures, nous n'euffions traité la conftitution phyfique & morale des Dames Vivaroifes, qui préfente divers phénomènes.

Nous l'avons connue cette conftitution par la voie de l'hiftoire civile, & frappés de voir ces Dames douées autrefois d'un génie viril & d'un courage martial, de les trouver à la tête des expéditions militaires, des batailles, des fièges & des traités qui s'enfuivoient, nous avons effayé de confidérer les caufes phyfiques de ces beaux phénomènes.

Voilà l'afpect général fous lequel la nature s'eft préfentée à nos yeux dans les contrées méridionales de la France. La liaifon de ces vérités naturelles avec le caractère du peuple fur-tout qui habite le Vivarais,

D 2

nous obligea d'en écrire l'histoire civile, & nous n'offrons cet ouvrage fort court que comme une suite naturelle du précédent.

On conçoit aisément qu'un peuple séparé, dans ses montagnes, du reste de la nation, enseveli dans la neige dans plusieurs endroits pendant six mois de l'année, sans commerce considérable avec ses voisins, devoit offrir une histoire morale analogue à son histoire naturelle.

Quatre tableaux principaux en formeront la division : nous verrons ce peuple florissant sous les Romains, asservi sous le joug féodal, féroce & cruel pendant ses malheureuses guerres de religion. Heureux si nous pouvions effacer de nos annales ces deux siècles de barbarie, de superstition, & de désordre, où le génie des Vivarois dégénéra pour un temps de son ancienne simplicité.

Mais les âges ont été renouvellés, de nouveaux principes ont pris la place des systêmes passés, & l'histoire des moyens employés à soumettre nos

montagnards, en adouciffant leurs mœurs
féroces , offre la folution des problêmes politiques les plus intéreffans
fur le gouvernement d'un tel peuple.
Telle fera notre marche dans cette
dernière partie de l'ouvrage. Il ne refte
plus qu'à rendre compte de la méthode que nous avons fuivie dans toutes fes parties.

Des obfervations locales font la
bafe de l'hiftoire phyfique : il n'en
eft aucune que nous n'ayons fait en
perfonne. Il en eft peu que nous n'ayons
vérifiées plufieurs fois ou communiquées
aux connoiffeurs de la Province , &
comme le Naturalifte eft autant obligé que l'Hiftorien à prouver ce qu'il
avance , ou a déclarer dans quelles
fources il a puifé , nous aurons foin
de donner à la fin un itinéraire à l'ufage des Savans étrangers.

Nous y avons fait mention des
Naturaliftes de notre province , pour
leur faciliter les moyens de voyager.
Les Vivarois font tous officieux en-
vers les étrangers ; c'eft par eux que les
Académiciens qui fe difpofent à venir

D 3

dans nos contrées., recevront les ren-
feignemens particuliers qu'on ne peut
inférer ici.

Notre méthode eft analogue au fyftême de l'ouvrage ; les faits & les
obfervations font à la tête de toutes
chofes ; chaque fait principal eft diftingué par un Paragraphe.

De forte que , dans les conclufions
que nous tirerons dans la fuite pour
former, de toutes ces obfervations ifolées , un feul corps lié dans fes parties,
nous rappellerons le Paragraphe comme
la pièce juftificative de la conféquence.

Nous nous fommes fervis ainfi de
la méthode des Géomètres , qui ne
tirent aucune conclufion , qu'elle n'ait
été contenue , en quelque forte, dans les
principes précédens.

HISTOIRE

NATURELLE

DU

VIVARAIS.

PREMIERE PARTIE

*Contenant la GÉOGRAPHIE PHYSIQUE
de cette Province.*

Ce qui produit les changemens les plus grands & les plus généraux sur la surface de la terre, ce sont les eaux du Ciel, les fleuves, les rivières, les torrens, &c.

HIST. ET THEORIE DE LA TERRE,
second Discours.

GÉOGRAPHIE

PHYSIQUE
DU VIVARAIS.

CHAPITRE I.

De l'Hydrostatique des Eaux courantes
sur la surface de la terre. Observations
préliminaires sur la Géographie phy-
sique du Globe terrestre.

I. LES mers qui couvrent une grande partie de la surface terrestre, occupent les lieux les plus bas du globe, puisque les eaux de tous les fleuves &

de toutes les rivières se précipitent dans leur sein, sans qu'aucune rivière ni ruisseau quelconque tire son origine de cet amas immense d'eaux réunies.

2. Ces mers reçoivent leurs eaux des fleuves. Plus ces fleuves s'éloignent de la mer dans laquelle ils se jettent, plus ils se divisent en branches qu'on appelle rivières.

3. Chaque rivière diminue à mesure qu'elle s'éloigne de son embouchure dans les fleuves, en se divisant elle-même en *ruisseaux* ou *torrens* qui descendent du sommet des montagnes, ayant pour source une fontaine ou des eaux pluviales.

4. D'après ces notions préliminaires, il paroît que les fleuves qui s'étendent sur la surface de la terre, doivent avoir la forme des arbres dont les parties dépendent d'un tronc commun ; avec cette différence cependant, que l'accroissement d'un arbre se fait du centre vers la circonférence, tandis que l'accroissement d'un fleuve se fait de la circonférence vers le centre. *Le corps du fleuve* est le tronc, les rivières

en font les groffes branches , les ruiffeaux font les menues branches , & les
fontaines en font les feuilles.

Pour fe convaincre de cette reffem-
blance purement apparente & extérieure , il faut jeter les yeux fur une
Carte géographique de la France. En
fuivant le cours d'un de fes quatre
fleuves , on le voit fe divifer en rivières & fe fubdivifer enfuite en ruiffeaux ;
& quoiqu'il y ait des ravins peu confidérables qui verfent immédiatement
dans les fleuves , il ne s'enfuit pas de là
que ces faits ne foient généralement
vrais. Leurs ruiffeaux font comme les
petites branches ifolées d'un arbre , qui
fortent latéralement du tronc , fans
déranger le fyftême général de la plante.

5. Il paroît , en fecond lieu , que les
fources des fleuves font les lieux les
plus élevés , puifqu'elles verfent dans
les ruiffeaux , ceux-ci dans les rivières,
celles-ci dans le fleuve , & le fleuve
dans la mer , felon les loix des fluides.

6. Il paroît , en troifième lieu ,
qu'en choififfant un fol fort étendu
& arrofé par plufieurs fleuves , il eft

impoſſible que ce ſol ſoit horizontal.
Les eaux qui coulent toujours des
lieux les plus élevés , vers les plus
bas , éloignent l'idée de toute horizontalité , qui n'appartient qu'à la
mer.

7. Il paroît, en quatrième lieu , que
deux fleuves coulant l'un vers le nord ,
par exemple , & l'autre vers le midi ,
doivent avoir chacun leurs ſources à
la même élévation ; les eaux d'un fleuve
commenceront à couler du côté de la
montagne la plus haute , & les eaux
de l'autre fleuve couleront du côté
oppoſé.

Et par conſéquent , les ſommets de
ces montagnes ſeront les lieux les
plus élevés au-deſſus du niveau des
mers , vers leſquelles chacun des fleuves verſe ſes eaux dans des directions
oppoſées. (*Voyez* 5.) De ſorte que ,
pour trouver les lieux les plus élevés
de la terre , il faut ſuivre les eaux des
plus grands fleuves depuis leur embouchure juſqu'aux eaux les plus éloignées qui deſcendent ainſi des lieux
les plus élevés. Le mont Saint-Godard ,

d'où fortent les plus gros fleuves de l'Europe , fe trouve très-élevé au-deffus du niveau des mers , vers lefquelles tendent les eaux qui coulent de ces lieux : mais ces obfervations offrent quelques exceptions dans les hautes montagnes ifolées , inclufes quelquefois dans le baffin des fleuves dont nous parlerons ci-après.

Ces remarques préliminaires étoient néceffaires pour l'intelligence de ce que nous avons à dire fur l'Hiftoire phyfique du globe. Car , s'il n'eft pas poffible d'étudier fa formation , fa texture , & les révolutions étonnantes qu'il a éprouvées depuis le commencement des temps , jufqu'à nos jours , qu'en comparant fes couches pofées les unes fur les autres ; c'eft-à-dire , en l'obfervant depuis les lieux les plus bas , jufqu'aux plus élevés , il s'enfuit que cette étude & ces obfervations ne font poffibles qu'en examinant le globe felon le cours des fleuves.

De forte que tout Obfervateur qui , dans fa marche & dans fes recherches , croifera les fleuves & les rivières , coupant ainfi à angles droits le cours des eaux , échouera dans son plan & dans ses vues. De là tant de syftêmes faux ou tronqués fur le globe terreftre , quoique la plupart ne manquent ni d'obfervations judicieufes , ni de vues intéreffantes fur des objets qui demandent une combinaifon étonnante de faits , pour fuivre la Nature dans les temps paffés , & pour écrire l'Hiftoire de fes révolutions.

Cette néceffité d'étudier le globe terreftre , non par furfaces horizontales , mais par furfaces perpendiculaires , ou en fuivant le cours des eaux , fe démontre en ce que le globe étant une maffe immenfe formée fucceffivement de plufieurs fubftances de diverfe nature , & pofées les unes fur les autres, il n'eft pas poffible d'étudier ni de décrire ces diverfes couches , qu'en les fuivant par furfaces perpendiculaires : alors on peut non-feulement comparer les fubftances hétérogènes , mais encore reconnoître les couches primordiales , & les diftinguer des matières fecondaires ordonnées par des loix fubféquentes.

Or, tout cela est si essentiel dans l'Histoire du globe, que si l'on ne fixe toute son attention sur ces différences, on confond les époques de la formation des objets, & l'on s'expose à commettre des anachronismes insoutenables dans l'*Histoire chronologique & physique de notre globe.*

8. De là cette distinction essentielle que j'établis dans les recherches sur le globe terrestre qu'on peut étudier ou *en superficie* ou *en profondeur.* C'est en confondant ces deux grandes méthodes, que plusieurs Naturalistes ont erré dans leurs systêmes, & mal interprété la Nature.

Les recherches *en profondeur* consistent à examiner soigneusement la superposition des couches qui composent la terre.

Les poudingues fluviatiles, les carrières calcaires & granitiques, les tables de lave, les filons des mines, les cavernes, les argiles, les amas horizontaux de terres végétales, &c., ces objets bien examinés & bien comparés mutuellement selon la superposition respective de chaque carrière, donnent une foule d'idées qu'on ne trouve pas chez les Naturalistes qui, dans leurs recherches, ont étudié les surfaces & négligé les profondeurs.

J'ose même dire que l'étude du globe, *en profondeur*, est la seule qui puisse nous conduire jusqu'à la connoissance de sa constitution, de ses loix de formation, de son origine primordiale.

9. Tandis que l'étude *en superficie*, c'est-à-dire, l'étude de la forme & de la direction des montagnes, des vallées, des plaines, des rivières, &c., peut montrer quelques révolutions seulement des temps modernes de la Nature.

Nous ne confondrons point ces deux genres de recherches si disparates. Nous commencerons par la description des objets selon leur superficie ; & après avoir suivi cette méthode, après avoir donné la Géographie physique de nos contrées, nous résumerons toutes ces observations ; & jettant un coup d'œil sur la superposition des couches de poudingue, des pierres calcaires, des montagnes de granit, des tables de lave, &c., nous

conclurons

conclurons quelques vérités fur l'hiftoire de la formation du globe & fur
les événemens chronologiques que notre
monde a éprouvés depuis cette époque
primordiale. Mais diftinguons auparavant plufieurs fortes d'excavations dans
le globe terreftre.

10. *Le baffin d'un fleuve*, ou fon département, n'eft que l'enfoncement produit par les eaux de ce même fleuve,
lefquelles entraînent toujours les fubf-
ftances terreftres des lieux les plus hauts
vers les plus bas, par l'action conftante
de la loi de la pefanteur, & par leur
action diffolvante.

11. *La vallée* eft un enfoncement
arrofé par une rivière, telle que la
vallée de Valgorge en Vivarais, ou
celle de la Souche.

12. *Le vallon* eft une moindre excava-
vation arrofée par les eaux d'un torrent
ou d'un ruiffeau, tel que le vallon du
ruiffeau du Bruel près de l'Argentière.

13. *Le ravin* eft un enfoncement
quelquefois à fec, & quelquefois arrofé
par des filets d'eaux pluviales.

Tome I. E

CHAPITRE II.

Hydroſtatique des eaux du Rhône. Deſcription de la chaîne de montagnes qui forme le baſſin de ce fleuve. Vue des terrains qu'il baigne en Vivarais.

14. LEs montagnes du Vivarais forment les parois ou les côtés latéraux des baſſins des deux plus grands fleuves de la France.

Leur pente du côté de l'orient, en deçà du Mezin, fait partie du baſſin du Rhône ; & celle du côté oppoſé fait partie du baſſin de la Loire. Jetez les yeux ſur une Carte géographique de la France, pour l'intelligence de ce qui ſuit.

15. Le Rhône qui baigne le pied des montagnes du Vivarais, ſe trouve dans un baſſin formé par les montagnes du Vigan, des Cevènes, du Vivarais, du Lyonnois, du Beaujolois & du Mâconnois ; elles ſéparent ainſi les eaux

qui tendent, felon le cours du Rhône, vers la Méditerranée, d'avec les eaux qui tendent vers l'Océan, felon le cours de la Loire.

Les départemens de ces deux fleuves font deux grandes *Provinces naturelles* féparées par les pics fourcilleux des montagnes qui forment les limites des deux baffins.

La même fuite de montagnes élevées, fe prolonge du Mâconnois jufques en Bourgogne. Dans les environs d'Arnay-le-duc, elles fe divifent en deux & s'éloignent à droite & à gauche les unes des autres.

La branche qui va du côté de l'Océan fépare toujours le département de la Loire d'avec celui de la Seine ; elle pénètre dans le Nivernois, le Gâtinois, la Beauce, la Perche, & vient fe perdre dans la mer.

La feconde branche des montagnes de Bourgogne, que nous avons vu fe propager & fortir du Vivarais, va aboutir à Langres où elle fépare le baffin du Rhône d'avec celui de la

Seine ; elle pénètre dans la Lorraine où elle fépare les eaux du Rhône & leur département d'avec les eaux du baffin & département du Rhin.

La même chaîne, fans difcontinuer, entre dans la Suiffe ; elle laiffe à l'occident le lac de Genève dont les eaux tendent vers la Méditerranée, & à l'orient, Fribourg, Lucerne, &c. Elle monte enfin vers le grand Saint-Godard, montagne fouveraine qui donne des eaux à toute l'Europe, à une partie de l'Afie, & d'où fortent le Rhône, le Pô & le Rhin.

Ici commencent encore les ramifications de toutes les grandes chaînes de montagnes qui féparent les baffins de ces trois grands fleuves, & qui s'éloignent, en forme de rayons, du centre de cette montagne.

Ainfi les Alpes prennent leur origine au mont Saint-Godard, & féparent les eaux du département du Rhône, d'avec celles qui fe jettent dans le Milanois. Ces Alpes paffent en Savoye & vont expirer enfin dans la mer Méditerranée.

16. Si l'on examine foigneufement ces grands baffins du Rhône , de la Loire , de la Seine , &c. ; féparés par des chaînes de montagnes , on fera convaincu :

1º. Que les bords fupérieurs de ces baffins s'abaiffent à mefure qu'ils s'approchent de la mer dans laquelle ils verfent les eaux de leur département.

17. II. Que les montagnes fur lefquelles le fleuve prend fa fource , doivent être , en général , les plus élevées & les plus éloignées de l'embouchure.

18. III. Que les montagnes oppofées en fituation , & qui forment enfemble le baffin , les unes à droite du fleuve & les autres à gauche , devroient être à-peu-près de niveau , excepté lorfqu'elles font de diverfe nature ; car *les excavations varient comme les terrains* , ainfi que nous le dirons dans le cours de l'ouvrage.

19. IV. Que le centre du baffin eft le confluent , le *rendez-vous* général de la plus grande partie des eaux fupérieures du département. Ainfi Paris , fitué

E 3

à-peu-près vers le centre du baſſin de la Seine, eſt le confluent principal des eaux ſupérieures de ce département. Lyon eſt le lieu de réunion des eaux du baſſin du Rhône. Tours & Saumur ſont ſitués vers le *rendez-vous* des eaux de la Loire. Les environs de Montauban ſont enfin des lieux enfoncés vers leſquels ſe rendent les eaux du département de la Garonne. Ces heureuſes ſituations donnent ainſi, par la multiplicité des rivières navigables, toutes les commodités poſſibles pour l'exportation & l'importation des denrées & des ouvrages de l'art. Auſſi ces villes ſont-elles ordinairement très-commerçantes.

20. Plus la pente du lit des fleuves eſt conſidérable, moins le cours du fleuve offre de ſinuoſités. Ainſi, le Rhône & la Saone, qui coupent impunément tous les terrains, qui tranchent des groupes de montagnes & paſſent à travers, & qui ſuivent une ligne droite depuis Châlons juſques vers l'embouchure, ſont les rivières

les plus rapides de la France ; tandis
que le Rhône arrivé à Avignon, montre
un cours le plus tortueux jusqu'à la
mer, à cause de l'horizontalité du fol,
qui eſt telle, que les barques montent
de la mer vers Beaucaire par la ſeule
action du vent.

21. Par la raiſon contraire, plus le fol
eſt horizontal, plus le cours des fleuves
éprouve de ſinuoſités : dans ce cas,
l'eau tranquille ſur elle-même, évite
par des circuits les moindres obſtacles.

Examinez la topographie des environs de Paris ; une montagne de marne,
un amas de poudingues, & les moindres obſtacles font dévier la Seine.

C'eſt donc la rapidité des terrains,
qui aligne le cours d'un fleuve, l'horizontalité le rend tortueux.

22. Une grande ville commerçante
ne peut ſe trouver commodément ſur
les chaînes élevées des montagnes, à
cauſe de la difficulté du tranſport des
choſes néceſſaires à la vie, au commerce, au luxe attaché à la réunion d'un
grand nombre de citoyens.

E 4

Les villes de commerce, au contraire, font bien placées au bord de la mer, ou depuis l'embouchure des fleuves, jufqu'au confluent de toutes les eaux du baffin.

La Seine mouille les villes de Paris & de Rouen ; le Rhône touche les villes d'Arles, de Vienne, de Lyon, &c.; la Garonne eft voifine de Touloufe, de Montauban, d'Agen, de Bordeaux; la Loire eft à côté de Nantes, Saumur, Tours, Orléans, Nevers, Moulins, &c. Toutes ces villes faites pour le commerce, éprouvent la bienfaifance des fleuves qui font véritablement une voiture fournie par la Nature.

23. De tout ce que nous avons dit jufqu'ici (depuis 1 jufqu'à 23), il s'enfuit que la France phyfique doit être divifées en quatre grandes provinces féparées par la Nature, arrofées par les eaux de fes quatre grands fleuves, la Seine, le Rhône, la Garonne & la Loire. Des chaînes de montagnes en font les limites.

24. Divers Littérateurs & plusieurs Historiens ont examiné ce qui méritoit le nom de fleuve ou de rivière : les uns ont dit qu'on devoit appeler *fleuve*, celui qui conservoit son nom depuis sa source, jusqu'à l'embouchure : d'autres ont été d'un avis contraire. Laissons-là les mots arbitraires ; ouvrons le livre de la Nature ; comparons les chaînes des montagnes au cours des rivières ; appelons *fleuve* le cours d'eaux enfermées dans un bassin environné de montagnes, auquel aboutissent les rivières dans lesquelles les ruisseaux, les torrens & les fontaines viennent se jeter. Ainsi, le Rhône est un fleuve ; la Durance, l'Ardèche, l'Isère, &c., sont des rivières. En Vivarais la Ligne est un torrent, & Roubreux près de l'Argentière est un ruisseau.

Les fleuves ne tarissent jamais, ni les rivières ; les torrens & les ruisseaux tarissent quelquefois pendant les jours caniculaires, quoiqu'ils aient pour source des fontaines intarissables. La Nature présente donc des faits qui dif-

tinguent encore les rivières, les ruiffeaux & les fleuves.

25. Lorfque la nature des terrains
eft uniforme, le cours du fleuve
& le confluent des eaux du baffin dont
nous avons parlé (19), font fitués vers
le milieu du baffin, fans dévier vers
les parois latéraux.

26. Mais le Rhône qui mouille le
pied du Vivarais offre une exception
frappante de cette vérité. Du côté de
l'orient il reçoit la Durance & l'Ifère ;
il eft lui-même une branche latérale de
la Saone qui reçoit le Doux en Bourgogne, tandis que, du côté du couchant,
il ne reçoit que des petites rivières en
comparaifon des précédentes, baignant
le pied des montagnes qui forment les
extrémités de fon baffin.

27. Le Rhône fe préfente donc comme les arbres qu'on taille pour former
un mur verdoyant : on coupe *perpendi-
culairement* toutes les branches faillantes, il n'en paffe au-delà que quelques
petites ramifications.

28. De telle forte que le Rhône qui

mouille Viviers, eft éloigné dans ce lieu, du fommet des chaînes qui forment fon baffin du côté de l'orient, de quarante-cinq lieues de diftance, tandis que, du côté du couchant, il n'en eft éloigné que de dix à douze. A Mâcon la Saone eft éloignée des parois de fon baffin d'environ quatre-vingt lieues, & du côté du couchant, elle n'en eft éloignée que de dix lieues.

29. Le baffin du Rhône offre ainfi une figure formée d'une ligne droite & d'un arc dont le centre fe trouve dans l'Angoumois, mais qui eft irrégulier du côté de la montagne Saint-Godard, à caufe des profondes vallées qui partent de cette montagne, d'où émanent, comme nous l'avons dit, des montagnes en rayons, qui forment les vallées, en donnant l'origine aux fleuves divers de l'Europe.

30. La Saone & enfuite le Rhône cotoyent la chaîne de montagnes des Cevènes, du Vivarais, du Forez, &c. ; de forte que leurs eaux font les feules en France qui mouillent le pied des montagnes qui forment des baffins.

31. L'économie des montagnes du Vivarais , par cet expofé , eft unique dans la France. Leur fommet donne des eaux à l'Océan & à la Méditerranée ; mais pour defcendre de ces hauteurs , les eaux de l'orient n'emploient que dix lieues , tandis que du côté de l'occident elles en emploient près de trois cents.

32. Auffi les eaux qui defcendent du côté de l'orient tombent de cafcade en cafcade , tranchant les montagnes verticalement , s'encaiffant dans le roc vif , bouleverfant les couches , &c. Voilà pourquoi l'Hiftoire naturelle du Vivarais eft fi variée , & pourquoi l'étude du globe en profondeur y eft plus aifée que dans une autre province.

33. Le fol fur lequel coulent les eaux du Rhône en Vivarais , eft couvert en général de cailloutages , de poudingues , de fables mondés. Du côté oppofé , ce font des plaines immenfes , fablonneufes , de trois, quatre & cinq lieues d'étendue , qui ne font que des dépôts ou des atterriffemens formés par le fleuve.

De part en part on trouve seulement quelques roches calcaires qui ont résisté à l'action des eaux. Telle la roche calcaire de Notre-Dame de Doms à Avignon, posée au centre d'une plaine immense. Telle encore la roche de Pierrelatte, de même situation. Les plaines qui environnent ces pics isolés, furent peut-être jadis des lacs immenses ; mais l'homme qui a resserré le lit des fleuves & perfectionné la Nature par ses travaux, a fixé leurs bornes.

34. Ces plaines composées de sables, de cailloux roulés, de troncs d'arbres pétrifiés, agatisés, d'ossemens fossiles, de dents d'éléphans qu'on trouve de part & d'autre, de colonnes basaltiques souvent toutes entières, annoncent, si je ne me trompe, l'action de transport des fleuves, & les ruines des montagnes supérieures démantelées par les eaux courantes, combinées avec la force générale de l'attraction qui détermine les corps à descendre des sommets des montagnes jusques dans la

plaine, à creuſer les baſſins des rivières & des ruiſſeaux , à les unir aux baſſins des fleuves , &c.

35. De ſorte que , ſi les pays peu-plés de forêts annoncent ſouvent des régions récemment habitées , & ſi, par la raiſon contraire , les pays dépourvus de bois annoncent des régions habi-tées depuis long-temps par les hom-mes , comme l'a dit ingénieuſement M. le Préſident de Joubert de l'Aca-démie de Montpellier , on peut dire , dans l'ordre minéralogique , que les plaines arroſées d'un fleuve & compo-ſées d'un amas immenſe horizontal de cailloux roulés & arrondis , ſont, dans l'Hiſtoire chronologique de la terre, des pays récens couverts autrefois par les fleuves éloignés aujourd'hui de ces anciens lits peut-être par la main des hommes qui, pour féconder la terre, ont ſaigné les lacs , formé des digues, & retenu les fleuves dans leurs bornes.

36. Voyez un exemple mémorable & récent de ces vérités dans la Durance. Il eſt ſi vrai que cette grande rivière

a inondé la plaine d'Avignon , qu'elle
la fubmergeroit encore , fi on ne la
tenoit perpétuellement dans les bornes
qu'on lui traça jadis : j'ai vu cette
rivière fur le point de former un lac ;
& dans le moment que j'écris , j'apprends qu'on travaille encore à répri-
mer fes efforts & fa tendance vers la
plaine d'Avignon , qu'elle alloit réduire
en lac.

37. Mais, fans paffer outre , confi-
dérons encore un moment les roches
de Pierrelatte & d'Avignon contiguës jadis avec d'autres montagnes.
Les eaux qui les ont minées peu-à-peu,
les ondes qui font venues fe brifer
contre elles , les ont ainfi déga-
gées des montagnes acceffoires ; auffi
elles préfentent du côté du nord des
coupes verticales , & du côté du midi
des pentes moins rapides , parce que
les eaux du Rhône defcendant du côté
du nord , venoient battre ces buttes
ifolées qui effuyoient ainfi tous les
coups des fables & des cailloux
roulans.

Cette théorie de la formation des baffins des fleuves , des plaines , fera confirmée & prefque démontrée par une foule de faits dans tout le cours de l'Hiftoire de la terre & des volcans du Vivarais. Nous ne nous fommes point écartés de notre objet , en faifant pré-céder les vérités rapportées jufqu'ici : le Rhône mouille le pied du Vivarais; la Loire defcend du fommet de nos montagnes ; le Vivarais fait partie du baffin du Rhône : par la connoiffance préliminaire de *l'acceffoire* , on pénè-tre plus aifément dans les queftions les plus épineufes du *principal.* Exami-nons donc en détail les lieux que le Rhône baigne dans fon paffage en Vivarais.

38. Ce fleuve , en entrant dans cette province , eft borné à droite , vers Ser-rières & Andance, par des montagnes granitiques peu élevées. Le terrain de cette nature eft continué jufqu'à Saint-Perray ; mais à quelques pas de ce village , les roches qui s'élèvent à côté de fon lit deviennent calcaires , & tout-à-coup

à-coup la montagne perpendiculaire de Cruffol borne la vue.

A Charmes il baigne enfuite des terrains granitiques, & il paffe à la Voute fur un fol calcaire qu'il ne quitte plus jufqu'à la mer.

Ces obfervations femblent contredire ce que plufieurs Naturaliftes ont écrit fur le granit, qu'ils croyoient n'exifter que fur les montagnes les plus élevées au-deffus du niveau de la mer.

39. Il eft conftant que la ligne de démarcation qui fépare, à la Voute, le fol granitique du fol calcaire, n'eft pas élevée de plus de cinquante-huit toifes au-deffus de ce niveau. Voyez ci-après le Chapitre de l'élévation des montagnes du Vivarais au-deffus du niveau de la mer.

40. Le Rhône coupe à angles droits cette ligne de féparation d'une zone d'avec l'autre, qui paffe du Vivarais en Dauphiné.

41. Des marbres grifâtres & des fchiftes calcaires fuccèdent enfuite au granit, & les bords du Rhône, à

Tome I. F

Baix, font compofés d'une pierre blanche calcaire, tendre, femblable à celle dont on bâtit l'Églife de Sainte Geneviève à Paris.

42. A Rochemaure le Rhône eft borné par des montagnes peu élevées, calcaires & hériffées de pics volcaniques. Ces montagnes font les dernières ramifications de celles du Coiron, qui viennent expirer ici aux bords du Rhône, & dont les fommets font tous volcaniques ; les cailloutages qu'on trouve dans les environs, des colonnes bafaltiques tirées toutes entières du fein de la terre, annoncent les anciennes deftructions opérées par ce fleuve.

43. A Viviers le Rhône fe trouve enfuite refferré entre des murailles perpendiculaires, ou plutôt entre de hautes montagnes de marbre vif, coupées à pic, & qui offrent diverfes couches inclinées dans le même fens que la pente du fleuve.

A Bourg Saint-Andeol fes bords font formés d'une carrière calcaire blanche, horizontale, *dite la carrière du Roi*; elle eft compofée d'un fpath univerfel, qui eft le gluten de la partie terreftre, ce qui la rend dure & de traitement plus difficile que la pierre de Baix.

44. Au-deffus de cette carrière on trouve enfin une couche de cailloux roulés de toute efpèce, furmontée d'une couche de terre végétale.

Telle eft la nature des eaux du Rhône qui baigne le pied de nos montagnes. Cette théorie de la formation des baffins des fleuves, fera mieux développée dans l'Hiftoire détaillée du gouffre de la Goule fitué dans le paffage du Vivarais à l'Ufégeois. Nous verrons les eaux courantes qu'il engloutit, atténuer dans l'antiquité des temps la roche vive horizontale & calcaire, tracer les premiers linéamens de la chaîne circulaire des montagnes qui entourent le gouffre, couper à pic la roche primordiale la plus dure, former dans elle-même un baffin régulier terminé par des remparts la-

téraux aujourd'hui fort élevés , fillo-
ner le fond de ce baffin par l'excavation
des lits enfoncés de divers ruiffeaux,
dépofer des amas de poudingues, opérer enfin en petit tout ce que les
fleuves ont opéré en grand fur la furface de la terre ; tandis que la préfence
de divers minéraux ifolés , & leur
fuperpofition mutuelle dans cet afyle
folitaire , confirmeront les faits principaux de notre Hiftoire du Vivarais.
Voyez dans la fuite de cet ouvrage nos
voyages minéralogiques dans l'Ufégeois.
Examinons à préfent dans le Chapitre
qui fuit quelles viciffitudes peuvent
déranger ces baffins primitifs formés
par les eaux courantes.

CHAPITRE III.

Des révolutions qui ont changé le syftéme primordial des montagnes & le lit des eaux courantes.

45. CE Chapitre fera fort court ; mais les obfervations qu'il renferme , combinées avec celles qui reftent à faire fur cet objet , ferviront un jour de fondement à des raifonnemens les plus variés fur la formation des montagnes & fur les viciffitudes du globe ; elles donneront la folution de divers problêmes fur la Géographie phyfique du globe terreftre , fur l'irrégularité de la marche des eaux courantes , &c.

Nous avons expofé , depuis (1) jufqu'à (45) , le fyftême des montagnes difpofées en chaînes , & fubdivifées en plufieurs autres petites chaînes fecondaires.

Nous avons vu les eaux courantes intermédiaires former les départemens ou les baffins des fleuves dès les premiers âges de la Nature.

Mais fi les forces fouterraines des volcans expulfent au dehors des matériaux contenus dans les entrailles de la terre ; fi de nouvelles montagnes viennent s'établir fur cet antique terrain où la diftribution des eaux courantes étoit déjà déterminée par l'excavation des vallées & des ravins, il réfultera de cette nouvelle appofition d'autres plans inclinés qui dérangeront les courans des eaux. Or, il faut diftinguer deux fortes de volcans dont les réfultats varient entre eux, ceux des hautes montagnes & ceux des plaines.

Les volcans une fois établis fur les fommets des montagnes fupérieures, ou fur leur pente, transféreront ailleurs les fources des fleuves & les limites primordiales des baffins. Nous renvoyons à l'Hiftoire des volcans du Vivarais fitués fur les montagnes élevées la defcription de tous les événemens de ce premier cas.

Si d'un autre côté les pays inférieurs

font bouleverfés par des volcans, fi des courans confidérables de lave s'étendent dans les plaines ou dans des vallées, il arrivera, dans plufieurs circonftances, que le cours des fleuves ou des rivières fera transféré ailleurs, jufqu'à ce qu'il ait miné, par la fucceffion des temps, ces nouvelles digues, ou bien qu'agiffant fur d'autres fubftances voifines, il ait creufé un lit nouveau, laiffant dans les cailloutages, & dans les fables de fon premier lit, des monumens de fon antique féjour fur ces contrées abandonnées.

De là ces énormes atterriffemens fluviatiles qu'on trouve ifolés en Vivarais fur des fommets de montagnes. Nous rappellerons ces divers principes, lorfque nous les décrirons; principes inconteftables & fufceptibles de démonftration, puifque de nouvelles pentes établies par les torrens foulevés des volcans, doivent néceffairement occafionner de nouveaux courans d'eaux qui fe répandant en un autre fens,

forment d'autres lits & s'écartent de
leur ancien fyftême de diftribution.

Nous ne donnerons donc point des
affertions hafardées , lorfque décrivant,
par exemple , les fommets volcanifés
des monts Coiron , nous dirons qu'ils
furent arrofés jadis par des fleuves puiffans , que ces fleuves abandonnèrent
les tables immenfes de cailloux qui
formoient leur lit , lorfque les éruptions
les déterminèrent à paffer ailleurs , en
détruifant ainfi le fyftême de l'ancienne
Géographie phyfique de cette contrée ,
fi importante dans l'Hiftoire naturelle
du Vivarais.

Les Lecteurs qui ne feront attention qu'à mes conféquences , fans vou-
loir approfondir les vérités antérieures
qui les prouvent , croiront appercе-
voir des paradoxes ; mais je ferai bien
plus fatisfait du fuffrage du petit nombre de véritables Savans , qui faififfant
le fyftême des baffins des fleuves ,
celui des eaux courantes, & les obfervations faites dans ce Chapitre , apper-
cevront toutes les poffibilités géomé-

triques qui réfultent de l'établiffement de plufieurs nouveaux plans inclinés élevés par les volcans fur un terrain où les pentes étoient déjà depuis long-temps déterminées.

46. Si plufieurs bouches enflammées fe trouvent dans une même contrée, ou pour mieux s'exprimer encore, fi une contrée quelconque eft criblée de bouches volcaniques qui projettent leurs laves en même temps, ou à des époques peu éloignées, elles établiront entre les montagnes brûlantes des bas fonds, des enfoncemens fans iffue.

De là la formation de ces amas d'eaux ifolées & tranquilles, ces lacs volcaniques qu'on trouve parmi les décombres des volcans en plaine, & que divers Naturaliftes ont appelés *bouches écroulées des volcans les plus antiques*, parce que leur imagination fe repréfentoit plutôt un écroulement, & parce que l'afpect extérieur des élévations environnantes, qui s'offre réellement fous la forme de cratères, fe prêtoit à cette idée.

Nous verrons dans notre voyage

minéralogique en Velay, dans le lac
de Saint-Frond, &c., les preuves de ces
obſervations préliminaires ſur la formation des lacs volcaniques.

Le globe terreſtre a donc éprouvé
les plus étranges révolutions depuis ſa
formation primordiale ; les courans des
mers ont formé d'abord les pentes des
continens , les eaux pluviales & celles
des fleuves ont enſuite filloné la ſurface
de la terre & formé les départemens , la
régularité de ces baſſins a été l'ouvrage de l'attraction univerſelle & de
l'action diſſolvante des eaux , tandis
que la récente irrégularité de quelques-
uns de ces baſſins, a été opérée par les
volcans auxquels on doit attribuer
la tranſlation des limites des départemens , la ſinuoſité de la marche des
fleuves , des rivières , &c., ou le changement de leurs lits.

47. Dans notre *Hiſtoire ancienne du
Globe terreſtre*, qui doit ſuivre cet ouvrage , prenant ces vérités dans toute
leur généralité , nous conſidérerons les
hautes montagnes enclavées dans les

baffins, parallèles & quelquefois fupérieure aux chaînes circulaires qui font
les limites des départemens : elles méritent par là une place diftinguée dans
les annales du monde phyfique. Nous
obferverons, en attendant, que le baffin
du Rhône eft diamétralement traverfé
par les hautes montagnes granitiques
du Dauphiné & de la Savoie, qui coupent à angles droits le cours du Rhône,
paffent par le Vivarais, le Forez,
l'Auvergne, &c., & dérangent bien
fenfiblement la Géographie primordiale
de ces contrées. Voyez notre voyage
minéralogique dans le Viennois, dans
les volumes fuivants.

CHAPITRE IV.

De la diſtribution des eaux courantes du Vivarais. Deſcription de ſes rivières & de ſes torrens. De la marche comparée des eaux dans divers terrains.

L'ARDECHE.

47. L'Ardèche qui verſe ſes eaux dans le Rhône, eſt la principale rivière du Vivarais. Un grand nombre de ruiſſeaux qui ſe précipent, de caſcade en caſcade, des pics ſupérieurs des montagnes, offrant de tous côtés les vues les plus pittoreſques, forment les branches les plus éloignées de cette rivière.

Toutes ces ramifications ſe réuniſſent enſuite dans des bas fonds, comme à Burzet où la rivière de ce bourg, nourrie par trente-ſix ruiſſeaux formés par autant de fontaines, parcourt des lits eſcarpés les plus curieux.

Parmi les tableaux les plus pittoreſ-

ques on remarque les eaux du Ray-Pic;
elles gliffent fur une pente prefque perpendiculaire & avoifinée d'une cafcade
qui fe précipite du haut de la même
roche bafaltique élevée de vingt toifes
au-deffus du baffin : on peut faire le
tour de ce creux formé par la chûte,
& paffer fans crainte entre la montagne
volcanique & l'énorme colonne d'eau
qui s'engouffre avec bruit & fracas
dans ce précipice.

Pendant le froid le plus rigoureux
de l'hiver l'eau de ce baffin fe gèle;
on voit même la colonne d'eau former
une croûte de glace qui s'élève, à mefure que le froid augmente, jufques
vers le haut de la roche d'où l'eau fe
précipite: c'eft une efpèce de manteau
qui environne la colonne; & que le
dégel précipite enfuite avec fracas vers
le bas de la montagne, renverfant les
arbres, les arbuftes, & quelquefois
les chaumières des infortunés humains
que le befoin & la mifère relèguent
dans ces triftes climats.

Les autres branches voifines de

la rivière d'Ardèche, arrivées dans les régions inférieures, se réunissent, & bientôt celles de Burzet dont nous venons de parler, de Montpezat, de Jaujac, &c., n'en font plus qu'une seule par leur réunion vers le pont de la Baume sous Nieigles confluent de toutes ces eaux montagneuses.

L'Ardèche parcourt ensuite des terrains granitiques, & s'avançant vers la zone calcaire qui, sous Aubenas, présente une façade qui coupe à angles droits la ligne de son cours, elle entre dans ce nouveau terroir de cette manière.

48. Après être sortie du sol granitique, elle promène ses eaux sur la plaine du pont, toute formée de cailloutages, ce qui empêche d'observer ici le point de contact d'une zone avec l'autre.

49. De la plaine du Pont la rivière d'Ardèche passe dans les roches vives & calcaires qu'elle a excavées vers Saint-Sernin, coupant à pic tous les obstacles : elle est bornée à droite par

la montagne de la Chapelle, & à gauche par les roches vives & perpendiculaires qui font prolongées depuis
l'Echelette jufqu'à Vogué.

50. A Vogué l'Ardèche eft refferrée
par deux murailles verticales des mêmes roches calcaires, qui ne firent
jadis qu'une feule & même carrière,
puifque j'ai obfervé un peu plus bas
la correfpondance des couches horizontales de marbre.

51. Depuis Vogué, Château remarquable qui appartient à l'ancienne Maifon de ce nom dont il eft le berceau,
jufqu'à fon embouchure dans le Rhône,
l'Ardèche fuit ces excavations, toujours
refferrée, tantôt à droite & tantôt à
gauche, par des roches verticales calcaires, formant des finuofités, laiffant
les carrières vives pour miner les carrières à filons ou les couches horizontales.

L'Ardèche s'avance enfuite vers
Balafuc; elle a opéré tous les défordres
qu'on obferve à gauche de fon lit,
du côté de ce village remarquable par

ſes anciens Seigneurs. J'ai trouvé en manuſcrit dans la bibliothèque du Roi l'Hiſtoire des Croiſades compoſée par un Pons de Balaſuc Chevalier qui ſe diſtingua dans l'armée des Croiſés. C'eſt le premier Auteur connu que le Vivarais ait produit ; ſes deſcendans ſont établis à Chomeras.

La vallée de Saint-Alban donne enſuite à l'Ardèche, vers Samzon, les eaux de Chaſſezac.

LA TOUR DE SALAVAS.

Munie de ce nouveau ſecours, l'Ardèche entre dans les roches vives & calcaires de la vallée de Samzon, & ſuivant un lit creuſé dans le vif de leur maſſe, elle paſſe à côté de la tour de Salavas.

52. Ici l'hiſtoire civile de la province vient éclairer l'hiſtoire naturelle. Cette Tour ſituée ſur des pics étoit environnée en 1729 des eaux de l'Ardèche ; c'étoit une véritable île enfermée dans le lit de cette rivière. On

peut

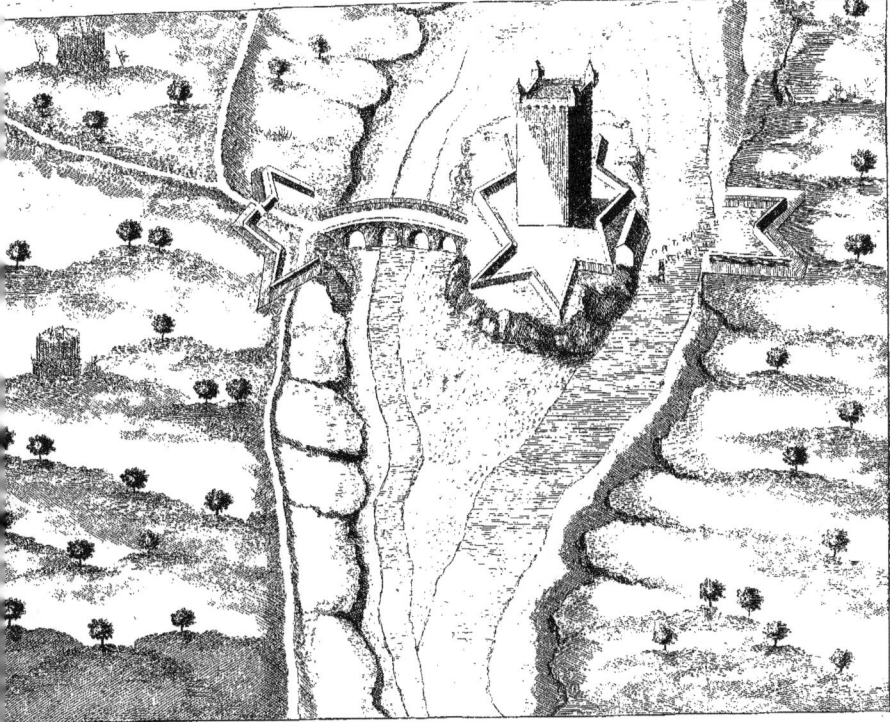

Tour de Salavas. Etat du lit de l'Ardeche en 1629

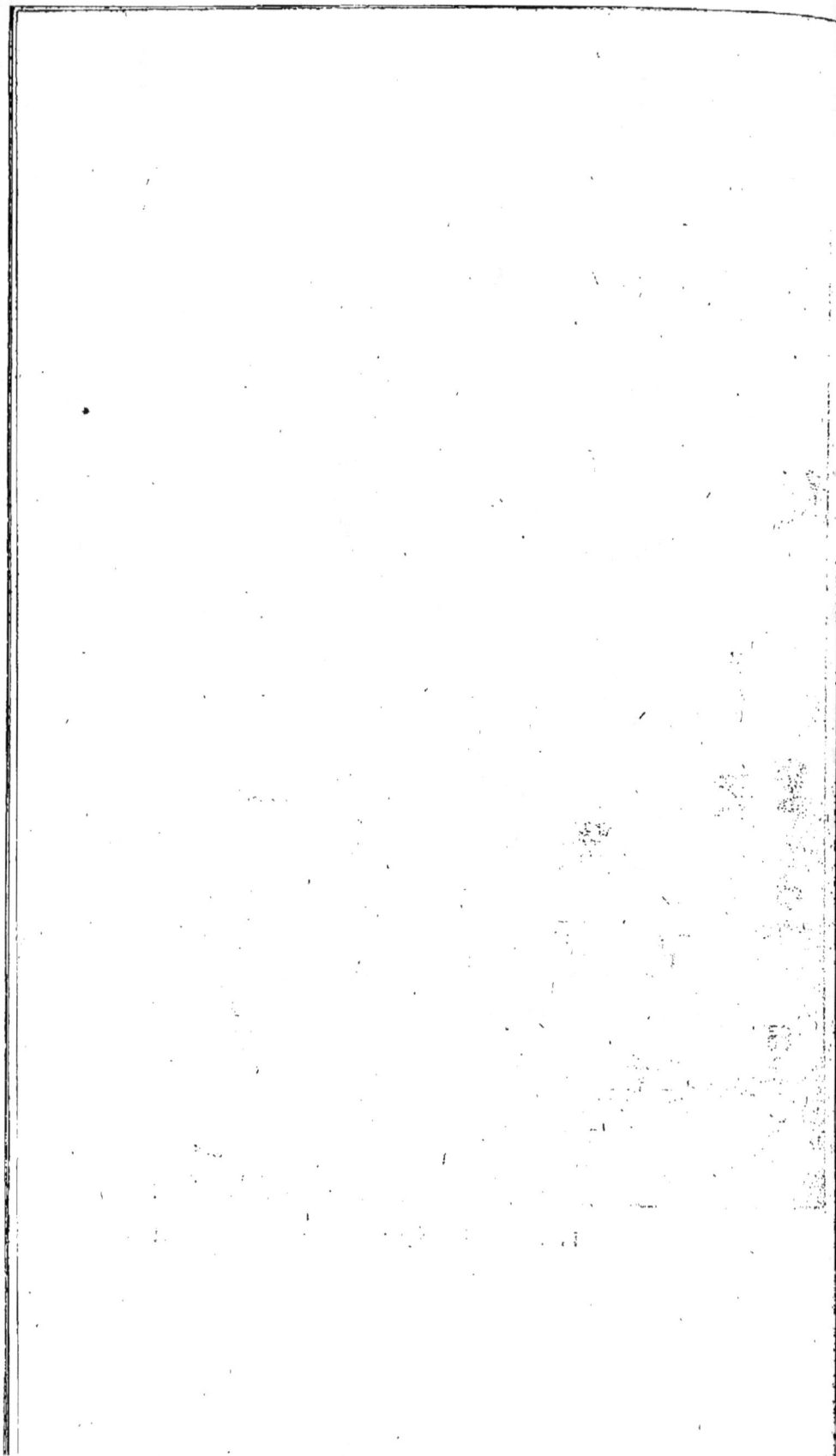

peut en juger par la planche que nous en avons fait graver : on se rendoit même à cette tour par un pont du côté de Salavas, qui n'exiſte plus.

Mais depuis cette époque l'Ardèche creuſant toujours un lit plus profond, ſe trouve ſituée cinq toiſes plus bas dans ſes eaux moyennes ; la branche qui environnoit la tour n'exiſte plus, & le pont a été démoli lorſque cette partie du lit de la rivière a été miſe à ſec par l'abaiſſement des eaux.

La comparaiſon du lit de l'Ardèche de nos jours, avec celui qu'elle avoit en 1629, démontre donc que les eaux courantes des rivières détruiſent, à la longue, les formes des terrains qu'elles arroſent ; que cette deſtruction eſt ſenſible dans l'eſpace de quelques années, lorſque la pente du lit eſt conſidérable, & qu'elle eſt remarquable ſur-tout lorſque des cailloux mobiles forment le ſol du lit des rivières ; tandis qu'il faut le laps de pluſieurs ſiècles pour opérer tous ces déſordres, lorſque le lit des

Tome I.   G

fleuves eſt peu incliné , comme à Paris par exemple.

Le deſſein de la tour de Salavas à vue d'oiſeau , pris ſous les yeux du Duc de Montmorency qui vint pacifier le Vivarais pendant les guerres de religion , a été tiré de l'hiſtoire de France par eſtampes , de même que ceux du pont d'Arc dont nous parlerons bientôt.

L'Ardèche s'avance enſuite vers le pont d'Arc , l'une des merveilles du Vivarais , ſi toutefois il eſt permis de donner ce nom à un monument qui imite les travaux de l'homme, quoique la Nature en ſoit le principal architecte. *Voyez la planche de cet édifice remarquable.*

LE PONT D'ARC SUR L'ARDÈCHE.

53. Pour avoir une idée nette de ce pont , il faut ſe repréſenter deux hautes montagnes coupées à pic , qui reſſerrent à droite & à gauche la rivière d'Ardèche.

Ces deux montagnes ſervent de fondement & de *forte culée* à cet édifice ; ouvrage majestueux qui s'élève au-dessus des eaux près de deux cents pieds , & qui est formé d'une seule roche.

Cette élévation est perpendiculaire dans la façade qui est du côté de Valon ; l'opposée est un peu inclinée : la largeur du pont est de soixante-six pieds.

L'ouverture du pont d'Arc offre une voûte la plus hardie , peut-être , qui existe dans le monde ; elle est haute de quatre-vingt-dix pieds depuis la clef jusqu'au niveau moyen de la rivière.

Sa largeur prise d'une pile à l'autre vers le fondement est de cent soixante-trois pieds.

Toutes ces dimensions forment un ouvrage superbe & très - imposant ; & quoique cette voûte soutienne une énorme montagne , ses proportions géométriques portent en l'air tout ce fardeau qu'elles ont conservé jusqu'à nos jours pour l'étonnement des Naturalistes.

Nous avons dit que ce pont avoit pour fondement deux montagnes considérables ; celle qui est à gauche est environnée d'une large & profonde vallée circulaire dans laquelle elle s'avance.

Voyez sur ces objets la planche où le pont d'Arc est gravé à vue d'oiseau avec tout son voisinage.

Le pont d'Arc & cette montagne qui lui sert à gauche de forte culée, offre le système d'un angle saillant fort aigu qui s'avance dans l'angle rentrant creusé jadis par l'Ardèche dans un roc vif de marbre le plus compacte.

Dans les fortes crues d'eaux l'Ardèche reflue encore de nos jours dans cet ancien lit.

Mais à force de miner l'angle saillant qui se présentoit en face au courant de ses eaux, à force de frapper des coups de cailloux roulés sur cet obstacle, & d'amincir cet angle saillant fort aigu, les eaux & les cailloux qu'elles entraînent se firent d'abord une petite ouverture qui s'aggrandit ensuite à mesure que mille frottemens divers de tous les corps roulés par l'Ardèche émoussè-rent ce lieu de passage.

LE PONT D'ARC

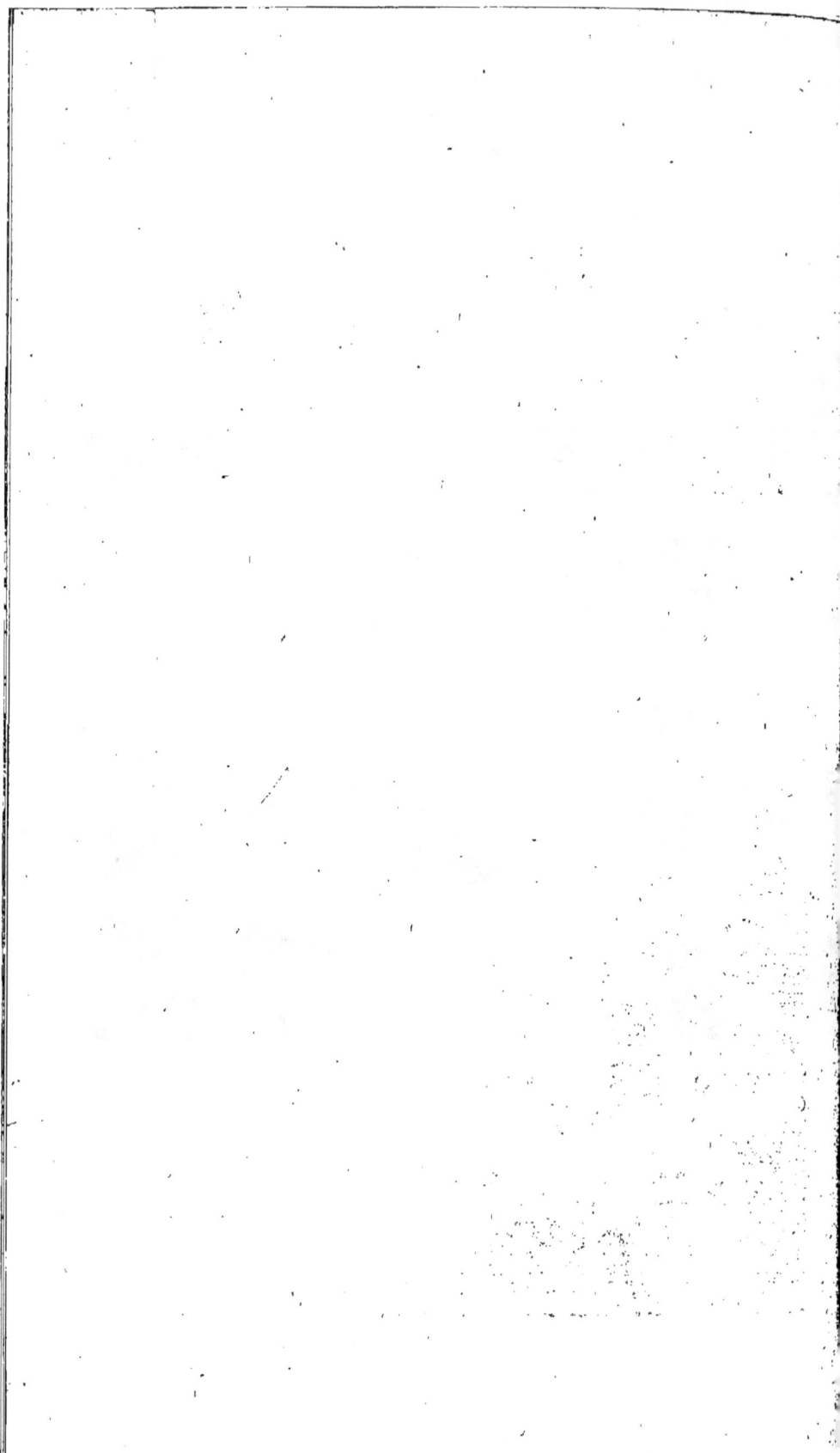

C'eft donc à la Nature qu'on doit attribuer la formation de ce pont ; mais l'homme ne l'auroit-il pas aidée dans cette opération ? La Nature réunit rarement dans un fi petit efpace de terrain toutes les proportions géométriques de ce grand ouvrage.

Cette voûte étonnante, cette élévation perpendiculaire, la hardieffe de ce monument confidéré dans fa totalité, femblent montrer que la main de l'homme vint au fecours de la Nature.

On fçait que ce roi de la terre deffécha des étangs en perçant des montagnes, qu'il réduifit le lit des fleuves, qu'il rendit des plaines navigables par des canaux, qu'il unit des fommets de montagnes pour diftribuer les eaux felon fes befoins, & qu'il força la Nature à le fervir.

Ainfi, comme de tout temps il a fallu paffer des Cevènes en Vivarais, il faut croire que les habitans des deux contrées ne trouvant dans le voifinage que des précipices impraticables pour paſſer l'Ardèche qui eſt ici navigable, ont dû ſe réunir pour façonner ce pont groſſièrement conſtruit par la Nature.

Les eaux, après avoir formé ſon ouverture groteſque, abandonnèrent d'ailleurs leur ancien lit qui fut converti en terres fécondes.

Quoi qu'il en ſoit, l'on ne ſauroit admettre que les eaux ont formé la voûte par leur ſeule action. Cette voûte eſt *brute* & toute hériſſée d'angles & d'aſpérités, tandis que les roches uſées par les eaux courantes ſont toujours polies ; ce qui s'obſerve toujours même dans les granits les plus compactes qui ſervent de lit aux rivières & qui ont toujours ce poli très-agréable : d'ailleurs, ce pont, tout ſourcilleux qu'il eſt aujourd'hui, ne ſervoit-il pas encore de paſſage d'une province à l'autre à des armées entières dans le ſiècle paſſé ?

On obſerve à côté quelques concavités où ſe trouvent des ſtalactites & pluſieurs coquillages.

On frémit dans ces lieux ſombres

& folitaires , lorfqu'on penfe que ces cavernes étoient la retraite des catholiques & des religionnaires qui pendant nos guerres civiles dévaftèrent tout le voifinage , & commirent fur ce pont des cruautés inouies.

Le pont d'Arc étoit alors un paffage d'une province à l'autre. Lorfque les religionnaires l'avoient en leur puiffance , c'étoit parmi eux une fête de fe faifir de quelque catholique ; on le menoit fur le pont , & on lui permettoit de fauter dans l'Ardèche.

Les catholiques , non moins fanatiques quelquefois , ufoient auffi de repréfailles lorfque le pont d'Arc & fon fort tomboient en leur pouvoir. Louis XIII , qui vint en perfonne affiéger diverfes villes du Vivarais , ordonna d'en couper le paffage , qui ne préfente plus que des afpérités & des monticules impraticables ; il en fit démolir enfuite toutes les fortifications.

» Le fort d'Arc , dit *Bernard* dans » fon hiftoire de Louis XIII , où il y » a un pont naturel , fe foumit au

G 4

» Roi. La rivière d'Ardefche fentant
» fon cours borné par une groffe roche
» s'eft fait, par fucceffion de temps,
» une arche qui femble comme faite à
» la main, d'une hauteur & grandeur
» qui ne fe void qu'avec eftonnement.
Pag. 168, édit. in-folio de 1650.

Les Commentaires du Soldat du
Vivarais, ouvrage manufcrit du même
temps attribué au Capitaine Marcha
Gentilhomme du Vivarais, parlent auffi
de ce pont. J'en ai tiré le deffein très-
fidèle du cabinet des gravures du Roi,
de même que le plan à vue d'oifeau ;
l'un & l'autre avoient été pris fous les
yeux du Duc de Montmorency, lorfqu'il vint réduire le fort d'Arc. *Voyez
les originaux dans la précieufe collection
de l'Hiftoire de France par eftampes,
dans la bibliothèque du Roi à Paris;
année 1629, règne de Louis XIII.*

La roche du pont d'Arc eft une forte
de marbre grifâtre fort dur, fufceptible d'un beau poli ; la carrière éclate
en plufieurs endroits en divers blocs.

Trois ou quatre couches horizontales

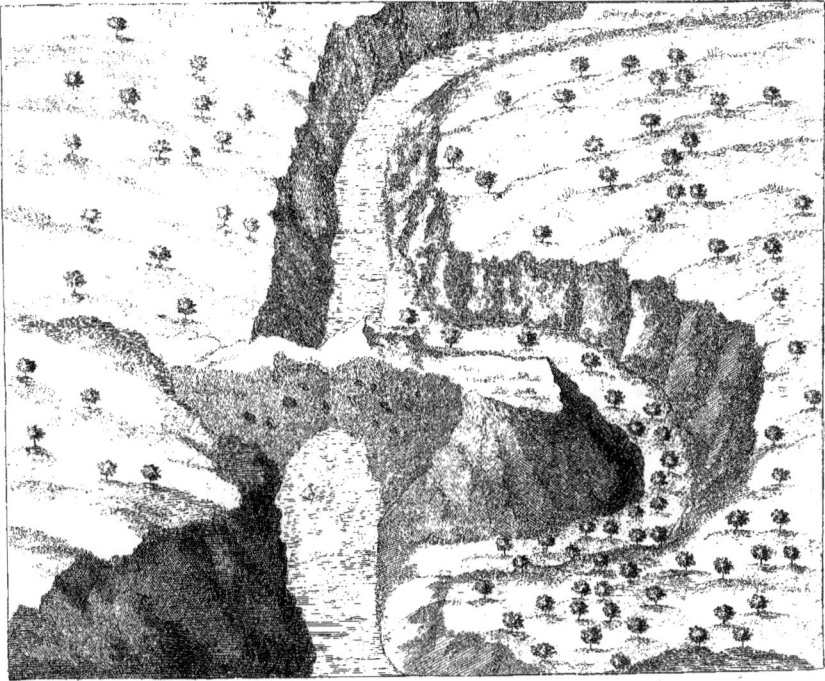

LE PONT D'ARC A VUE D'OISEAU

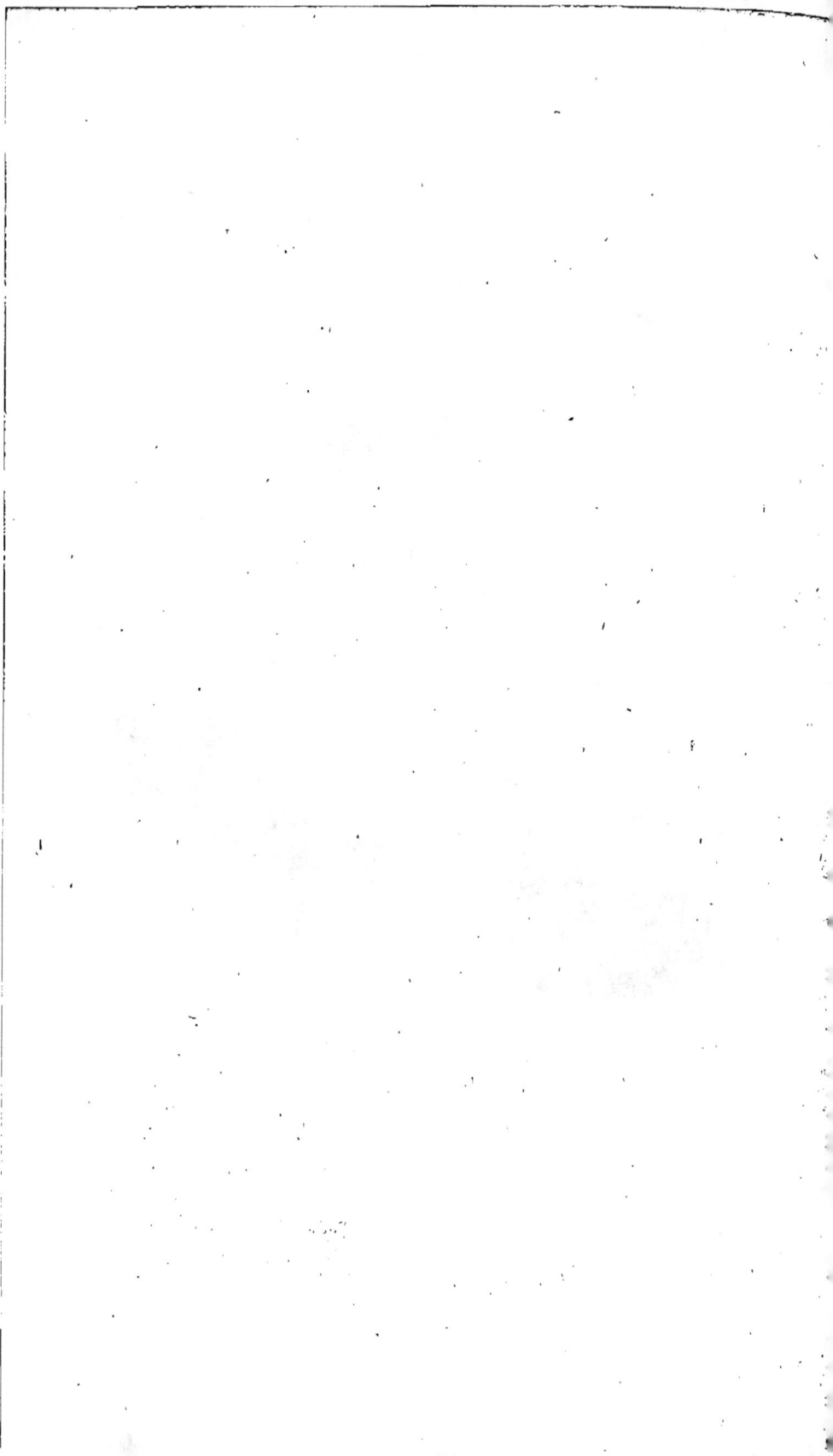

le divifent depuis fon fondement jufqu'à fon fommet , où la roche eft incruftée de quelques belemnites & cornes
d'ammon très-bien confervées.

54. Les eaux de l'Ardèche , après
avoir paffé le pont d'Arc , s'avancent
vers le Rhône ; elles arrofent la plaine
de Saint-Juft dans laquelle elles s'é-
tendent , formant des marais , des
atterriffemens confidérables , & de
nouveaux lits qui renverfent fouvent les
digues & les obftacles qu'on lui op-
pofe fur ce fol formé de cailloux
mobiles.

Auffi a-t-il fallu élever à grands
frais , depuis le pont de Saint-Juft
jufqu'à la Paroiffe de ce nom , un
magnifique chemin , & multiplier les
arches de ce pont pour rendre la plaine
praticable pendant les inondations.

L'Ardèche reçoit dans fon fein divers
ruiffeaux remarquables par leur paffage
du fol calcaire au fol granitique , &
par les vues qu'offrent ces paffages
différens.

55. LA LENDE qui defcend du côté

de Chazaux parcourt des terrains granitiques jufques à *la Cairié*, domaine de la Paroiffe de Vinezac, où elle s'infère entre la montagne de granit à droite, & la montagne calcaire oppofée.

Cette montagne granitique eft dans un état fingulier de décompofition ; fes roches fe pulvérifent, le quartz feul réfifte à l'agent qui change ainfi en terre les roches les plus vives.

56. Auffi, le ruiffeau de la Lende mine de préférence le pied de la montagne granitique ; il la coupe à pic, fur-tout vers le voifinage de la montagne de Malet.

Arrivé enfin à Rouftany, le ruiffeau de la Lende entre pour toujours dans le terroir calcaire qui fait corps avec la zone de cette nature, & qui eft prolongée jufqu'à la mer.

57. LA LIGNE, ruiffeau qui fort des montagnes de Prunet, paffe jufqu'à l'Argentière dans des lits granitiques. Arrivée fous le mont Bederet, elle rencontre les couches calcaires horizontales du pied de cette montagne,

& fe détourne de la ligne droite qu'elle avoit fuivie depuis les environs de Chalabrèges.

58. Elle divife fous la maifon du Reclus des fchiftes à couches horizon-tales, qui font la plupart effervefcence avec les acides, & reçoit le ruiffeau de Roubreu qui vient du fol granitique, & celui des Fées qui a creufé un lit refferré par deux chaînes de mon-tagnes dont le fommet eft granitique & le fondement calcaire.

59. L'IBIE, torrent dangereux parce que la pente de fon lit eft rapide, & parce que fon cours eft en ligne droite, prend fa fource vers Saint-Jean avec le ruiffeau de l'Advegne & une branche de la rivière d'Efcoutay. Il ne pénètre dans aucun terrain calcaire; cependant il offre dans fon lit quelques cailloux bafaltiques qu'on ad-mire avec étonnement fur-tout dans la grotte de Valon fituée dans la vallée de ce torrent, à près de quatre-vingt toifes au-deffus de fon niveau.

ESCOUTAY.

60. La rivière d'Efcoutay eſt remarquable en ce que du côté droit elle ne reçoit aucun ruiſſeau , tandis que du côté gauche elle en reçoit un très-grand nombre qui deſcendent des volcans du Coiron.

61. Auſſi verrons-nous dans la ſuite que du côté droit ſon baſſin eſt preſque horizontal, ſchiſteux ou calcaire , tandis que du côté oppoſé ſon baſſin eſt borné par les hauteurs du Coiron , dont la pente rapide permet à peine quelque *intuſuſception* d'eaux pluviales dans la terre. Sur cet objet il faut conſidérer que dans les pays froids le ſol étant toujours humide , il ne ſe fait qu'une légère évaporation d'eaux pluviales reçues dans la terre.

La rivière d'Efcoutay ſe jette dans le Rhône à Viviers , roulant des cailloux arrondis de baſalte , & d'autres laves moins compactes.

LAVEZON ET PAYRE.

62. Les rivières de Lavezon & de Payre se jettent dans le Rhône, celle-ci entre le Pouzin & Baix, & celle-là vers Meysse. L'une & l'autre ont tranché verticalement les roches calcaires, & sont très-enfoncées dans cette zone.

L'OUVEZE.

63. L'Ouvèze reçoit vers Privas & à Coux diverses ramifications remarquables : l'une vient du côté de Freissinet en Coiron, & prenant son origine sous une masse de basaltes, elle passe ensuite, en tombant de cascade en cascade, sous le Château de Cheylus où elle entre dans un sol calcaire.

Un autre ruisseau vient du côté de Veyras, avec plusieurs autres.

Au pont de Coux est le confluent des ruisseaux qui descendent des montagnes granitiques.

Aussi chaque ruisseau roule les cailloux de même nature que le terroir qu'il arrofe.

L'ÉRIEUX, LE DOUX ET LA CANCE.

64. La rivière d'Érieux mouille la plus grande partie des hautes & des baffes Boutières ; fon lit eft tout creufé dans la zone granitique.

Le Doux & la Cance préfentent les mêmes faits ; ils arrofent les environs d'Annonay.

CHAPITRE V.

Syſtême général des hautes montagnes du Vivarais ; leurs chaînes & leurs ſubdiviſions. Liaiſon des montagnes granitiques avec les montagnes calcaires. Vallées qui ſéparent les chaînes.

DE tout ce que nous avons dit ſur l'hydroſtatique des eaux courantes depuis (1) juſqu'à (64), il réſulte que les rivières & les fleuves ont la forme extérieure d'un arbre compoſé d'une tronc & d'un grand nombre de branches ſubdiviſées.

65. Le ſyſtême des montagnes qui ſéparent toutes ces branches , offre une forme inverſe de celle-là. Pour en ſuivre toutes les ſinuoſités & les propagations , plaçons-nous ſur les ſources des rivières , en examinant leur cours depuis ces hauteurs juſqu'à leur confluent avec d'autres rivières où vien-

nent expirer toutes les montagnes pro-
pagées depuis le noyau fupérieur.

66. Le grand Tanargues eft la montagne granitique la plus haute de la
province , comme le mont Mezin en eft
le volcan le plus élevé.

C'eft fur les hauteurs du grand Tanargues qu'on trouve la fource des principales rivières du Vivarais , & le commencement des grandes vallées.

66. Cette montagne eft ainfi formée
de plufieurs montagnes entaffées , qui
fortant de ce grand noyau en forme de
racines , s'étendent au loin comme
les rayons d'une étoile , qui partent
tous d'un centre commun. Ces racines
font féparées par plufieurs vallées remarquables.

VALLÉE DE VALGORGE.

67. La vallée de Valgorge commence à Loubareffe Château ruiné
fitué fur un volcan qui a vomi fes laves
dans la vallée. Elle eft féparée de celle
de la Souche par un chaîne de montagnes

tagnes qui partent du centre du grand Tanargues , s'abaiffent peu-à-peu vers Jonas & vers Tauriers fitué encore fur la chaîne élevée qui finit fous Montréal au confluent de Roubreu & de la Ligne.

Cette chaîne de montagnes fe *bifurque* vers Prunet par l'excavation faite par les eaux de la Ligne. De Prunet elle s'avance vers Chaffiers , vers Fanjaux fur l'Argentière où elle a beaucoup baiffé ; elle eft effacée enfin par le confluent du Bruel & de la Ligne.

La même chaîne fe divife encore vers Prunet par l'excavation de la rivière de Lende ; elle forme les élévations d'Ailhon où elle fe fubdivife en un grand nombre d'autres montagnes qui deviennent calcaires vers Aubenas.

On trouve enfin une autre divifion principale qui forme les montagnes qui font au-deffus de Jaujac & de Prades.

VALLÉE DE LA SOUCHE.

68. Elle commence du côté de la croix de Beauzon près l'Abbaye des

Tome I. H

Chambons. Elle est séparée de celle de Mayres par une chaîne de montagnes qui partent du noyau du grand Tanargues & qui finissent bientôt vers le pont de la Taillade au confluent du Fontaulier & de l'Alignon.

VALLÉE DE MAYRES.

69. Cette vallée commence vers la Chavade ; elle sera à jamais célèbre par le grand chemin qu'on y pratique, ouvrage qu'on peut mettre en parallèle avec ceux des Romains, à cause de la difficulté de l'entreprise & de son heureuse exécution.

Divers torrens latéraux ayant présenté les plus grands obstacles à cette entreprise, il a fallu joindre des montagnes par divers ponts superposés pour obtenir une plus grande horizontalité : on a relevé des montagnes écroulées pour y tracer une avenue en les réparant depuis leur base jusqu'au chemin ; des arches sur des arches soutiennent en divers endroits cette route, offrant

le coup-d'œil le plus pittoresque , &
des monumens hardis d'architecture.
On a construit enfin un grand nombre
de ponts sur des sommets de montagnes
pour élever le chemin au-dessus des
précipices.

Ce grand ouvrage est dû principa-
lement aux soins de l'Illustre Prélat
Mgr. ARTHUR DILLON , Président des
États de la province , qui par son ingé-
nieuse économie fait pourvoir aux besoins de la nation & à ceux du peuple
dont il est le père, & dont les intérêts
furent confiés à ses soins.

Toutes ces vallées larges & profondes dont nous venons de parler , donnent des eaux à la Méditerranée ,
tandis que les vallées opposées à celles-ci
versent dans l'Océan. Les excavations
de cette dernière partie ne sont point
aussi larges , ni aussi profondes , ni aussi
inclinées à l'horizon , comme nous le
dirons ailleurs.

70. D'après ces descriptions il paroît
que ces chaînes de montagnes qui
partent du noyau du grand Tanargue,

& s'étendent en rayons divergens, peuvent être comparées aux racines des arbres qui tiennent au tronc.

Mais une large vallée vient couper à angles droits ces rayons de montagnes, où elles paſſent de l'état granitique à l'état calcaire : cette ſection à angles droits eſt ſi parfaite, que la vallée forme un demi-cercle autour du grand Tanargues, commençant vers Chambonas & paſſant à Joyeuſe, Uzer, la Chapelle, le pont d'Aubenas, Veſſaux, & Leſcrinet. Or, comme la deſcription de cette vallée circulaire concerne d'une manière plus particulière l'hiſtoire du contact immédiat des montagnes granitiques avec les calcaires, nous ne faiſons qu'indiquer ici la forme géographique de cette importante vallée, en renvoyant les détails au Chapitre de l'hiſtoire du paſſage du ſol granitique au ſol calcaire.

CHAPITRE VI.

Dissémination comparée & géographique des diverses sortes de cailloux roulés & des poudingues du Vivarais. Leur formation par l'intermède des eaux courantes. Conséquence de cette vérité pour l'intelligence de la formation des vallées & des montagnes.

71. SI les eaux pluviales ou fluviatiles ont atténué les roches les plus vives ; si, mises en mouvement par les loix de l'attraction, elles ont déterminé les masses détachées des carrières supérieures à descendre vers le Pays inférieur ; si enfin l'excavation des montagnes fut le résultat de toutes ces opérations, il faut rechercher les monumens de tous ces faits, interroger les déblais provenus des contrées élevées. Or, il me semble appercevoir des témoins de ces antis

H 3

ques opérations dans la diftribution des
cailloux roulés que je divife en trois
efpèces, le calçaire, le granitique &
le volcanique.

72. Ces trois fortes de cailloux paroiffent être l'ouvrage feul des eaux
courantes, qui parcourant des terrains
calçaires, vitrifiables & volcanifés, ont
entraîné des maffes plus ou moins grandes qui perdoient leurs angles en heur-
tant contre d'autres cailloux, ou contre les roches qui forment les lits des
fleuves & des rivières ; voilà la première caufe de l'arrondiffement des
cailloux.

La feconde fe tire du repos même
des cailloux dans les lits des rivières.
En effet, les eaux diminuant après les
fontes des neiges & après les grandes pluyes ; leur impétuofité fe ralen-
tit ; les cailloux reftent alors en repos, & forment les lits des rivières
& des ruiffeaux. Un fable fin char-
rié par le courant, & l'action de tous
les corps qui paffent, comminuent ces
maffes, applatiffent les angles faillans

de leur furface, qui font moins de réfif-
tance que le noyau central.

73. Cette caufe de *l'atténuation* des
cailloux eft fi réelle & fi conftamment
obfervée, que les rochers vifs du granit le plus dur, qui fervent de lit
aux torrens & aux rivières, font tous
émouffés, & ne préfentent que des
furfaces arrondies par les mêmes agens;
leur poli général annonce l'opération
des eaux.

Si l'on tire même de ces carrières
des pierres pour bâtir, deux ou trois
ans après les angles & les pointes
de la carrière ouverte font de nouveau émouffés, arrondis & polis comme auparavant par l'action des eaux
courantes.

74. On fait que nous avons trois
régions très-diftinctes en Vivarais, la
calcaire, la granitique & la volcanifée.

La région volcanifée fupérieure aux
deux précédentes, eft arrofée de divers
ruiffeaux très-profonds. Ces mêmes
ruiffeaux entrant dans la région vitri-

H 4

fiable inférieure y prolongent leur cours jufques dans la région calcaire qu'ils parcourent encore en fe précipitant enfuite dans le Rhône qui baigne les endroits les plus bas du Vivarais.

75. Or, j'ai obfervé conftamment :

1°. Que le caillou bafalte qui a été détaché des fommets de nos montagnes, fe trouve dans tous les ruiffeaux qui defcendent de la premiere région volcanifée depuis leur fource jufqu'au Rhône.

76. II°. Que le caillou granitique fe trouve tout le long des ruiffeaux, depuis le commencement des lits vitrifiables jufques aux bords du Rhône : ces cailloux granitiques tranfportés ainfi dans les lits de nature calcaire règnent indiftinctement dans les lits granitiques d'où ils tirent leur origine, & dans les lits calcaires inférieurs aux précédents où ils ont été tranfportés par les eaux.

77. III°. Enfin , que les cailloux de nature calcaire, qui commencent à paroître où le fol de nature vitrifiable

devient calcaire, & qui ne paroiffent point au deffus de ce point fixe, annoncent plus clairement encore que les eaux feules arrondiffent ces pierres.

78. En réfléchiffant encore fur cette matière, on trouve que les cailloux roulés obfervent, dans leur groffeur, des règles de proportion relatives à l'efpace parcouru. Ainfi, plus le caillou bafalte s'éloigne du lieu de fon origine, plus il eft comminué. Sous Aubenas, par exemple, le caillou bafalte roulé par les eaux de l'Ardèche eft moins dégagé que le caillou bafalte qu'on trouve aux environs de Ruoms, & le caillou bafalte des environs de Ruoms eft encore moins atténué que le caillou bafalte qu'on trouve dans l'Ardèche au deffous de St. Juft, vers l'embouchure de l'Ardèche dans le Rhône.

Je ne veux point dire, au refte, que les cailloux bafaltes qu'on trouve fous St. Juft foient en général plus petits que ceux qu'on trouve fous Aubenas, parce qu'il eft des cailloux de cette nature, qui ayant été expofés fur des lits mouillés par les eaux plus long-temps que ceux qui fous St. Juft font reftés fur le rivage, auront été par conféquent plus comminués. Je veux dire feulement que tous les cailloux bafaltes pris pour exemple, & trouvés fous St. Juft, font plus ufés que tous les cailloux bafaltes qui font fous Aubenas, où la plûpart n'ont pas perdu encore l'ancienne forme qu'ils avoient dans la carrière d'où les eaux les ont détachés.

79. Si malgré ces obfervations que le premier voyageur peut vérifier fur les lieux, on doutoit encore de l'action des eaux, je préfenterois des ouvrages de poterie & de briques cuites dans le Pays, qu'on trouve dans les ruiffeaux qui paffent dans le voifinage des Villes ou Villages. Ainfi, j'ai trouvé dans la rivière de la Ligne qui paffe à côté de l'Argentière, des ouvrages de cette efpèce dont la partie faillante a été arrondie par le courant des eaux & les frottemens des

corps entraînés, tandis que d'autres parties rentrantes du même morceau de poterie non expofées à cette action corrofive, ont confervé encore le vernis dont on enduit ces ouvrages pour une plus grande propreté.

80. La lave poreufe volcanique rou- lée par les eaux fe conferve en for- me globuleufe le long des ruiffeaux, & fe préfente vers l'embouchure de l'Ardèche en petits noyaux quelque- fois applatis en lentille & rarement en boule.

Les corps factices les plus durs, les granits & les laves les plus compac- tes fe changent donc en confervant leur nature en forme de cailloux arrondis, & ne font qu'un détritus des lits fur lefquels les eaux ont coulé. Il ne me refte plus qu'à répondre à une objec- tion faite contre ces obfervations par un Naturalifte qui mérite bien l'atten- tion du Lecteur.

MONSIEUR,

» J'ai lu votre differtation fur l'ori-
» gine des cailloux, vos remarques
» fur ceux du Vivarais, & notamment
» l'origine des *cailloux bafaltes.* Ces
» cailloux aujourd'hui arrondis par les
» frottemens des autres corps, & au-
» trefois en état de liquide après leur
» fortie des volcans, démontrent votre
» théorie ; mais obfervez que s'il eft des
» cailloux qui doivent leur forme à
» des eaux qui eft leur mobile, il en
» eft auffi qui doivent leur exiftence
» à d'autres caufes. Par exemple, on
» trouve quelquefois des cailloux à
» couches concentriques dont le grain
» eft plus pur & plus ferré à mefure
» qu'il s'approche du centre ; il en eft
» d'autres qui font creux & hériffés
» de pointes de criftaux attachés à une
» matrice fort dure ; enfin, l'on en
» trouve de demi-tranfparens tels que
» les cailloux du Rhin, ce qui an-
» nonce qu'il s'eft fait au moins une

» aggrégation de molécules dans un
» fluide d'où eft réfulté un corps maf-
» fif plus ou moins rond, tel que ces
» cailloux.

» Tous ces exemples annoncent une
» origine différente de celle que vous
» leur donnez en général, & l'on
» peut dire que s'il exifte des cailloux
» qui doivent leur forme à l'action
» des eaux, il en exifte auffi qui la doi-
» vent à d'autres caufes. Je fuis, &c. »
Voici ma réponfe.

MONSIEUR,

J'ai reçu vos remarques fur la
théorie de la formation des cailloux
roulés : elles annoncent toujours le
vrai naturalifte. J'avoue que vos
cailloux à couches concentriques méritent beaucoup d'attention ; mais
permettez-moi de vous faire remarquer qu'ils confirment, fi je ne me
trompe, la théorie que j'ai expofée
dans ma differtation.

En effet, rappelez-vous que j'ai

dit (71), que le caillou roulé eft une pierre qui a fait partie dans fon origine de quelque carrière vitrifiée, volcanifée ou calcaire dont elle s'eft détachée: dans cet état de bloc, je conçois ce quartier de pierre encore mal façonné, hériffé de pointes & d'afpérités.

Ces pointes & ces angles faillans font les parties les plus foibles de ces blocs: expofés à l'action de tout corps fluide, ils éprouveront les premiers effets des coups du corps voifin qui les heurtera.

Ainfi, Monfieur, les cailloux que vous me préfentez originaires d'une carrière où il exifte toujours de noyaux plus durs & plus compactes que les parties voifines, auront été détachés par quelque caufe.

81. Roulés enfuite par les eaux, les parties les plus foibles, c'eft-à-dire, celles qui font plus éloignées du noyau, auront été les premieres atténuées, & le caillou fe fera formé en raifon de la plus grande ou de la

moindre réſiſtance de ſes couches.

82. Ceci eſt confirmé par mille obſervations dans la Méchanique : la partie la plus foible de tout inſtrument qui agit, eſt celle qui ſe détruit la premiere.

83. Quant à vos cailloux tranſparens, ils ont la même origine que les autres ; il s'en trouve en Vivarais quelques ſemblables, parce que nous avons vers le ſommet de nos montagnes de filons de criſtaux de roche peu tranſparens à la vérité, mais uſés par les frottemens & ſans aucun poli.

Pour ce qui regarde vos cailloux creux que vous m'envoyez, auſſi rares que les cailloux concentriques, leur formation paroît poſtérieure aux précédens : ce ſont des géodes de nature calcaire ou vitrifiable (car nous avons en Vivarais dans les lits du Rhône & de l'Ardèche ces deux eſpèces) qui, roulées par les eaux, perdent leur forme & leur tiſſu extérieur, & ſe préſentent ſous la forme de caillou. Je viens d'en ouvrir deux, mais ils ne font pas d'une origine fi noble que les vrais cailloux roulés, puifqu'il s'en forme tous les jours de femblables; tandis que les véritables cailloux roulés font auffi anciens que les carriè-res dont ils proviennent.

84. Vous pouvez me demander, Monfieur, comment il peut arriver qu'un corps auffi compacte que le granit puiffe être ainfi atténué par des eaux & par des fables ? Vous me permettrez à ce fujet de vous préfenter ici l'hiftoire des progreffions de nos cailloux. Qu'un bloc de bafalte fe détache du volcan du Gerbier-des-joncs, où fe trouvent les fources de la Loire ; qu'une pluie confidérable l'entraîne vers le ruiffeau où il s'arrête après la diminution d'un courant d'eaux pluviales, il arrivera que, devenu ftationnaire après la diminution du courant, il éprouvera l'action des moindres cailloux ou des fables mouvants, jufqu'à ce que des nouvelles pluies bouleverfent le lit formé par la pluie précédente : alors le bloc de bafalte changera de fituation,

fes

ses angles sont émoussés & frappés de divers coups jusqu'à ce qu'il s'arrête de nouveau. Dans sa nouvelle situation, il s'use encore dans un autre sens & quelquefois il ne change de place qu'après dix ans de repos. Enfin, après une révolution de plusieurs siècles ou de plusieurs milliers d'années, arrivé au bord de l'Océan, il s'y trouve en petit noyau atténué, poli & réduit presque à rien. Voilà l'histoire des cailloux volcanisés qu'on trouve dans le rivage de la Loire.

C'est ainsi que divers ruisseaux, en se réunissant, entraînent avec eux les substances qu'ils rencontrent, & les précipitent du haut des montagnes : des sables & des cailloux amoncelés forment ensuite les poudingues & les atterrissemens.

Telle est la marche de la Nature dans la formation des vallées. Ce sont là les moyens dont elle se sert pour sillonner de mille aspérités la surface du globe, & former les lits des fleuves & des rivières qui dans le principe ne coulèrent d'abord que fur des plaines peu inclinées , comme nous le verrons dans l'hiſtoire des maſſes cubiques de Ruoms.

Mais après avoir obſervé la poſition géographique de ces cailloutages divers, cherchons encore quelques monumens qui démontrent que les rivières étoient ſituées jadis ſur les ſommets des montagnes , d'où elles ſont deſcendues en creuſant de plus en plus un lit qui devient tous les jours plus profond.

85. Sur le pont d'Arc j'ai obſervé, à deux cents pieds au-deſſus du niveau actuel de l'Ardèche , des cailloux roulés de baſalte & de granit.

86. Sur la pente de la montagne qui lui ſert , à gauche , de fondement , j'ai vu des laves poreuſes arrondies, & des baſaltes atténués.

87. Cette obſervation a été confirmée ſur les montagnes perpendiculaires qui reſſerrent le lit de l'Ardèche depuis Ruoms juſqu'au pont d'Arc : les cailloux roulés granitiques ou baſaltiques , paroiſſent à trois & à quatre

cents pieds d'élévation fur le niveau actuel des eaux moyennes de cette rivière.

88. L'Ibie, torrent qui prend fa fource vers les montagnes volcanifées du Coiron, a dépofé dans les grottes de Valon, à près de cinquante toifes au-deffus du niveau de fes eaux, des atter-riffemens & des bafaltes en cailloux.

89. Or, une obfervation remarquable s'offre dans ces fubftances de tranfport. Je n'ai jamais vu des laves poreufes arrondies parmi ces décombres volca-niques élevés; tous les cailloux de cette claffe font bafaltiques.

90. Les cailloux de lave poreufe ne paroiffent qu'à trente ou quarante toifes au plus, au-deffus du niveau de l'Ar-dèche : obfervation qui nous fervira dans la fuite, avec quelques autres faits analogues, à établir deux efpèces géné-rales d'éruptions dans les volcans.

Mais c'eft fur-tout fur les fommets des monts Coiron, qu'on trouve une fuite curieufe de ces antiques atter-riffemens.

Ces hautes montagnes dont la base est calcaire font compofées à leur fommet d'une immenfe table de bafalte.

91. Entre cette coulée & la roche calcaire fondamentale, j'ai trouvé dans le voifinage de Cheylus des cailloux calcaires, granitiques & volcanifés qui font des monumens des faits les plus antiques de la Nature, puifqu'il confte par eux que ces lieux ont été d'abord fubmergés par les eaux de la mer, enfuite par des eaux courantes de rivières, & enfin par des fleuves de lave fondue.

Examinons à préfent un caillou énorme pofé fur un pic & fur la pente de la montagne qui eft vis-à-vis Antraigues en Vivarais : il eft de nature granitique.

C'eft à travers ces roches qu'on a pratiqué un chemin au-deffous duquel on obferve :

1°. Quelques roches de granit de vingt à trente pieds de diamètre.

11°. D'autres roches confufément fuperpofées.

III°. Une roche à pic affife fur celles dont nous venons de parler.

IV°. Un énorme caillou de fix à huit pieds de diamètre pofé fur ce pic , & fe foutenant en équilibre. Il infpire l'effroi lorfqu'on le confidère des lieux infé- rieurs ; on eft étonné de le voir fe foutenir ainfi fur un point d'appui fi dégagé & fur des fondemens ruineux. Tout cet édifice eft de nature vitrifiable.

Au refte , nous avons des cailloux granitiques d'une dureté extraordinaire : le poli en fait fortir des couleurs fuperbes ; auffi font-ils , la plupart , un agrégat de morceaux de verre ou de quartz de toutes couleurs , qui préfen- tent , en les poliffant , une furface auffi nette que celle des glaces les plus pures. Alors toutes les couleurs dont ces quartz font peints , émanent de l'in- térieur du caillou avec tout leur éclat.

Ces mêmes cailloux peuvent fervir , après avoir paffé entre les mains d'un ouvrier intelligent , à divers ornemens. Le bénitier des Récollets de l'Argen- tière , caillou roulé & granitique tiré de la rivière de la Ligne , feroit un chef-d'œuvre de la nature & de l'art, s'il étoit poli : il préfente le grain le plus ferré & le plus riche en couleurs : les granits d'Egypte n'eurent jamais de fi belles nuances.

Nous ne devons point paffer fous filence les cailloux creux trouvés dans le lit du Rhône , remplis d'une eau très-limpide qui jaillit lorfqu'on les caffe.

Ces efpèces de géodes me perfuadè-rent d'abord que l'origine que j'attri-buois aux cailloux arrondis par les eaux des rivières qui les entraînent , pouvoit ne pas être générale ; mais ces cail-loux étant de nature calcaire , il paroît que les eaux ont pu pénétrer par la filtration dans ces corps caverneux. Ce méchanifme de l'intufufception de l'eau n'eft pas bien difficile à concevoir : une pierre tendre , calcaire & creufe, nageant fans ceffe dans cet élément , fuce aifément le fluide qui l'environne. Plufieurs efpèces de pierres calcaires ont cette propriété ; les marbres feuls

ont le pouvoir exclufif de contenir ce
fluide fans aucun déchet ; tandis que les
pierres blanches calcaires s'approprient
dans les temps humides une grande quantité d'eau qu'elles perdent en
temps fec.

La Nature fe fert de divers autres
moyens pour produire des géodes.
Souvent un morceau de terre argileufe eft le noyau ou le fondement des
couches extérieures juxtapofées : cette
première fubftance toute pâteufe, en-
traînée par les eaux courantes , s'attache en roulant à des fubftances hétérogènes qui fe juxtapofent en forme de
couches concentriques ; la pétrification
confolide enfuite ce globe , l'argile intérieure fe condenfe , l'eau fe fépare ,
& la géode régulière devient le réfultat des diffolutions & des appofitions des fubftances qui la compofent.

Les géodes granitiques fe forment
peut-être d'une autre manière ; enfermées dans des roches vives de granit ,
entraînées enfuite avec les déblais
de leurs carrières dans l'antiquité

I 4

des temps, elles ont été ufées comme tous les cailloux ; il n'en eft refté que le globe quartzeux, qui étant plus compacte que le granit qui le contenoit, a réfifté davantage aux frottemens.

CHAPITRE VII.

Vue générale des trois zones calcaire, granitique & volcanisée du Vivarais. Description d'une Carte d'histoire naturelle de cette Province, gravée en relief.

93. AVant de considérer la superposition mutuelle des trois zones, nous devons les examiner ensemble dans leur totalité. Dans la zone calcaire située dans le Bas-Vivarais & tout le long du Rhône depuis la Voute, se trouvent les montagnes de Gras qui dominent sur toute la zone : elles sont élevées au dessus du passage du sol calcaire au granitique de cinq cens vingt-quatre toises, d'après mes expériences faites avec le baromètre. Voyez à la suite de cet ouvrage le résultat des observations faites avec cet instrument sur diverses hauteurs de la France méridionale.

Depuis les roches calcaires des environs de Gras jufqu'au Rhône, ce terrain calcaire eft excavé de mille ravins en général creufés à pic dans la carrière vive.

Or, ces déchirures affreufes, ces précipices perpendiculaires annoncent, fi je ne me trompe, que les eaux de la mer n'ont jamais opéré ces enfoncemens : les fleuves feuls dont le cours eft borné ont dû former ces limites refferrées de leurs lits, tandis que les ondes & les courans de la mer agiffant en grand, ne paroiffent pas avoir excavé ces petites vallées coupées à pic; ils forment au contraire des élévations fphéroidales obfervées dans les îles; & quoique la mer foit quelquefois bornée par des roches perpendiculaires, on ne peut pas dire qu'elle ait pu produire des vallées de fix à huit lieues de longueur, enfoncées verticalement dans la roche vive, comme le lit de l'Ardèche en divers endroits du Vivarais. Les mouvemens des eaux maritimes ne paroiffent pas avoir ja-

mais agi avec la régularité requise à
la formation de ces formes géométriques.

94. Les matières volcanisées ont un
canton qui leur est propre dans cette
zone calcaire. Le volcan de Chaud-
coulant & les autres du Coiron ont
pércé au dehors à travers les couches
parallèles & horizontales. Ces montagnes volcanisées posées sur le rocher
calcaire, ont même plusieurs lieues
quarrées d'étendue.

Nous pouvons donc conclure de là
que les volcans se faisant jour à travers des matières calcaires, puisent leurs
laves fondues & vitrifiées dans un souterrain plus profond où règnent des matières fusibles ; & cette conséquence
nous avance déjà d'un pas vers la connoissance des matériaux volcaniques souterrains : c'est une route qui nous doit
conduire un jour jusqu'aux concavités
profondes du globe, qui ne sont point
de nature calcaire, mais vitrifiable,
comme les laves fondues qui sont sorties de leur sein.

95. La zone calcaire eſt ſéparée de la zone vitrifiable par une vallée (70) qui dure autant que les deux zones. Elle règne du midi au nord ; d'un côté l'on obſerve des montagnes de granit, & de l'autre des montagnes de roche calcaire.

96. Ces deux zones ne ſont point ſéparées par une ligne droite ; mais elles pénètrent quelquefois tant ſoit peu dans les terres l'une de l'autre : ainſi l'on trouvera un monticule de nature calcaire qui avance dans les domaines de la zone vitrifiable, & une autre petite montagne de nature vitrifiable qui avance auſſi de ſon côté dans le règne calcaire.

97. Mais il faut obſerver ſoigneuſement que dans ces avancemens dans le terrain d'autrui, la montagne qui s'avance ne fait jamais un corps iſolé, elle eſt toujours au contraire contiguë à la maſſe totale dont elle fait ſeulement partie ſaillante.

98. Entrons à préſent dans la zone granitique. Les hautes Boutières &

toute la Montagne fe trouvent engagées
dans cette zone, qui fe préfente fous
un point de vue le plus pittorefque ;
elle eft en effet tellement hériffée de
pics, de pointes, de rochers ifolés ou
furmontés d'autres rochers, qu'on eft
étonné de voir un fol fi irrégulier ;
on n'y trouve que quelques petites
plaines établies fur les hauteurs, tout
le refte eft côteau ou pointe faillante
d'une pofition la plus hardie.

99. C'eft à travers ces maffes énormes fur-tout que les volcans ont en-
fanté. Dans le voifinage de ces montagnes ignivomes qui ont eu des fondemens de nature vitrifiable, on voit
d'autres montagnes écroulées, des rochers en défordre amoncelés fur d'autres rochers fans liaifon & fans aucune
correfpondance. La confufion y règne
de tous côtés.

100. Il faut obferver foigneufement
encore que la zone vitrifiable ne contient dans fon domaine que des montagnes volcanifées : le calcaire ne s'y
trouve nulle part.

101. Or, le sommet des montagnes du Vivarais est véritablement la région des nues ; il donne naissance à la Loire qui descend de ces élévations vers l'Océan, en arrosant douze différentes Provinces, & qui se jette ensuite à l'autre extrémité du Royaume dans la mer. Voilà les régions supérieures du Vivarais.

102. L'extrémité inférieure se présente sous un point de vue bien différent. Saint-Just, village le plus bas du Vivarais, est opposé au pays précédent : il se trouve au pied de toutes les montagnes, dans le voisinage de l'Ardèche dont les eaux descendant aussi des sommets de nos montagnes, tendent vers la Méditerranée.

103. Le Vivarais, quoique tout hérissé de pics, est donc une immense montagne qui d'un côté embrasse toute la France ; puisque en suivant la Loire depuis son embouchure jusqu'en Vivarais vers sa source, on monte toujours.

104. Cette montagne vue du côté de l'Orient, est terminée au contraire

par des chûtes de montagnes qui s'approchent de la perpendiculaire. En obfervant donc le lit des rivières du Vivarais de bas en haut, on peut étudier toutes les couches dont eft formé le globe, depuis les environs de la mer jufqu'aux plus hautes montagnes.

L'univerfalité des fubftances du règne lithologique fe trouve donc ici dans un terrain de peu d'étendue : elle permet d'obferver aifément le globe terreftre *en profondeur*. Voyez depuis (1) jufqu'à (8).

Tandis qu'en étudiant les mêmes objets depuis l'Océan jufqu'à nos plus hautes montagnes, il faudroit entreprendre des voyages de longue haleine ; encore la nature fe dévoile-t-elle rarement dans un terrain peu incliné à l'horizon.

Après toutes ces obfervations nous pouvons décrire la Carte Géographique du Vivarais, que nous avons dreffée.

105. Le fyftême des montagnes du Vivarais repréfenté en relief dans cette

carte , montre les travaux , les voyages & fur-tout les longs féjours que j'ai faits en divers endroits de cette Province. C'eft la pièce juftificative de mes ouvrages qui vont être mis au jour.

Je pofai fur une table horizontale des cubes d'argile durcie de deux pouces de diamètre , comme le compofiteur place les caractères d'Imprimerie les uns à côté des autres.

La table horizontale ayant été ainfi couverte de cubes très - parfaits & très-étroitement unis , je coupai leurs fommets *à deux eaux* , établiffant ainfi deux plans inclinés qui repréfentèrent d'un côté la pente orientale du fol du Vivarais vers la Méditerranée felon le cours du Rhône , & de l'autre la pente occidentale vers l'Océan felon le courant des eaux de la Loire.

J'imaginai enfuite de creufer divers linéamens dans ces deux plans inclinés, pour exprimer les lits des rivières ,

pour

ruiffeaux, torrens & ravines, pour rendre faillantes les chaînes ou les branches des montagnes intermédiaires : leur plan en mignature, tiré felon les règles connues, me donna le fyftême de nos montagnes que j'ai décrites dans ma Géographie phyfique du Vivarais.

Et pour faire connoître celles de ces montagnes qui étoient volcanifées, il fallut enluminer en rouge ces terrains brûlés, leurs bouches faillantes autrefois ignivomes, & les courans de lave qui en defcendent. Les volcans qui ont perdu leur forme géométrique, leur cône renverfé, la continuité de leurs courans par l'injure des temps, font copiés avec la plus grande exactitude.

La direction & le fyftême des montagnes granitiques, leur fubdivifion en montagnes inférieures, la ligne de démarcation qui les fépare d'avec celles qui font calcaires, les rivières d'Ardèche, d'Ovèze, d'Efcoutay, l'appareil majeftueux des environs du pont

Tome I. K

d'Arc, y font repréfentés d'après les obfervations locales. De forte qu'en arrofant le fommet du Mézin qui domine fur tout le Vivarais, on voit les eaux parcourir ces vallées factices, & verfer dans les rivières qui fe jettent dans l'Océan & dans la Méditerranée. Les montagnes granitiques font enluminées en blanc, & les calcaires ont la couleur de l'argile. Les chemins pratiqués offrent une traînée jaune, & l'ancienne voie romaine dont je viens de découvrir les colonnes milliaires & quelques traces, eft enluminée en violet : on y trouve les villes, bourgs, villages & châteaux de la Province ; c'eft, en deux mots, la defcription de la Géographie phyfique & économique du Vivarais.

La mobilité des cubes a permis d'un autre côté de tracer la carte de la géographie fouterraine. J'ai enluminé fur les coupes verticales de ces cubes les filons des mines que j'ai vifitées avec leur direction ; j'ai creufé les concavités fouterraines correfpondantes, la fuperpofition des diverfes zones, & tout ce qui concerne la géométrie fouter-raine qui y eft peinte en mignature.

On doit reconnoître déjà combien d'obfervations ont dû précéder ce travail. C'eft le réfultat de deux ans de féjour & de recherches dans les montagnes volcaniques, de deux autres dans le fol granitique & de trois ans dans la zone calcaire. Je compte 28 voyages faits en Vivarais, pour perfectionner cette carte en même temps que je décrivois les contrées dont je donne l'hiftoire naturelle. Une montagne de cent toifes d'élévation & de diamètre, y eft très-apparente ; il n'eft donc aucun efpace de cent toifes en Vivarais, que je n'aie parcouru ou obfervé des hauteurs. Auffi la difficulté de rendre fur le cuivre toutes mes obfervations, n'a pas permis d'en donner la carte dans cet ouvrage.

L'amour de la vérité, & l'hommage qu'on doit à un Corps illuftre qui a tant concouru au progrès des

K 2

fciences , me prefcrivent de déclarer que j'ai corrigé beaucoup de fautes dans cette carte , lorfque l'Académie des Sciences a donné fa carte de la France. Je dois avouer encore que l'invention ne m'en appartient pas ; car ayant appris , en 1773 , que feu *M. Buache* géographe de l'Académie des Sciences avoit fait des globes terreftres en relief, je conçus , d'après fes idées, le deffein de dreffer les reliefs des lieux que je connoiffois dans ma province : en parcourant enfuite diverfes contrées , & en multipliant ces cubes, je fuis parvenu à repréfenter les trois zones en relief. Celle des volcans étoit déjà finie au mois d'août 1778.

Enfin j'ai écrit fur ces coupes verticales la hauteur au deffus du niveau de la mer , qui eft fuppofé exifter vers la bafe de chaque cube.

Je dois avertir les Amateurs qui voudroient dreffer de pareilles cartes, que le feul moyen de les perfectionner eft de divifer ainfi en cubes la matière première dont on veut fe fervir.

Des erreurs d'une ligne en excavation ou en élévation donnent des erreurs de plusieurs centaines de toises relativement aux lieux correspondans. Un cube défectueux peut alors être suppléé aisément par un cube régulier, sans perdre le travail des cubes voisins qui représentent bien leur objet.

En voyageant d'ailleurs dans les régions correspondantes, on peut porter avec soi plusieurs pièces de la carte, les enluminer selon la qualité des terrains, & les sculpter selon leur forme avec la plus grande exactitude. J'ai pu diviser ainsi, selon qu'il a été nécessaire, ma carte en relief, dont la totalité posée sur son soutien pèse soixante-six livres.

K 3

CHAPITRE VIII.

La Géographie physique du globe terrestre consultée dans l'ancienne division des Gaules. Le Vivarais divisé selon ce système dans les temps les plus reculés. La Géographie physique du globe, l'Hydrostatique, &c., connues par la Nation Helviéne, aujourd'hui le Vivarais.

106. DE tout ce que nous avons dit jusqu'ici, depuis le commencement de l'Ouvrage, il résulte que, pour traiter l'Histoire naturelle de la France, par exemple, l'on doit suivre la Nature dans ses opérations les plus générales & les plus étendues.

Or, la formation des bassins des fleuves est une de ces opérations importantes, un de ces grands faits d'où résultent nombre d'autres faits subalternes les plus intéressans dans l'histoire du monde physique.

Selon cette méthode , la minéralogie , les végétaux , les météores , les
animaux confidérés depuis les fommets
des montagnes qui formoient ce baffin ,
jufques vers fon fond , font apperçus
fous tous les afpects poffibles. La feule
méthode naturelle d'écrire la phyfique
de la France , confifte donc à la divifer
felon fes quatre grands baffins ou fleuves
principaux.

L'antiquité la plus reculée reconnut
même combien le gouvernement politique des états profiteroit de la divifion
des provinces felon ces partages naturels , puifque Céfar le plus ancien des
Hiftoriens qui nous ait tranfmis leur fyftême de divifion , nous préfente les Gaules partagées en trois parties.

Des fleuves , des chaînes de montagnes fupérieures , des mers , font les
limites naturelles de ces provinces. Ainfi
la *Belgique* étoit bornée par l'Océan ,
le Rhin , la Marne & la Seine. Cette
partie étoit ainfi coupée par une chaîne
de montagnes qui forment les baffins
du Rhône & de la Seine.

K 4

L'Aquitaine étoit située entre l'Océan, les Pirénées & la Garonne.

La *Celtique* étoit limitée par les Alpes & par les deux provinces précédentes.

Voilà les courans des fleuves, les plateaux supérieurs des montagnes, les bords des mers qui forment le partage des provinces de l'ancienne Gaule. Les travaux politiques, l'économie du gouvernement & le commerce étoient simplifiés par cette distribution calquée sur la Nature même.

Les Gaulois, dans les plus anciens temps connus, étoient donc instruits avant les Romains de la Géographie physique de la terre & des avantages qui en résultent pour le gouvernement, connoissance qui en suppose une infinité d'autres sur la physique, l'hydrostatique, & sur l'économie sur-tout d'un sage Gouvernement.

Les Romains ces fiers conquérans de l'univers, Naturalistes profonds, non point relativement à la partie systématique qui n'est qu'une science de luxe, mais relativement à la partie économique si utile à un état, aux arts & aux besoins d'un grand peuple, perfectionnèrent cette division naturelle des Gaules après avoir conquis ce grand état : des fleuves, des plateaux supérieurs de montagnes, des mers, &c. furent toujours les limites naturelles de leurs provinces.

Mais les barbares du nord dérangèrent bientôt ces sages divisions. Abandonnant leur pays fangeux ou couvert de neiges & de glaces pendant la moitié de l'année, ils pénétrèrent dans les Gaules, en Espagne, en Italie & dans tous les pays policés, où ils établirent de nouveaux gouvernemens; & comme la force du fer fut le principe de ces nouveaux états, les arts qu'on ne cultive que sous des Rois éclairés & paisibles, furent bannis de l'Europe; les anciennes divisions n'existèrent plus, & le hasard ou le caprice des conquérans en établit de nouvelles sans ordre, & dans lesquelles on ne trouve plus la nature.

107. J'ai souvent médité sur le système d'une division triviale du Vivarais, connue dans cette province dans les âges les plus reculés, puisqu'elle paroît dans les chartres les plus anciennes du gouvernement féodal.

Le Vivarais est divisé, selon ce plan, en Montagne, en Rive du Rhône, en Maillagués, en Hautes & Basses-Boutières, en Coiron & en Cevènes.

La Nature est si différente dans ces contrées diverses, que ses variations influent puissamment sur les êtres organisés qui s'y trouvent, & sur-tout sur les productions végétales de la vie.

Je suis persuadé que cette division trouve son origine dans les temps les plus reculés. Elle a pu servir au gouvernement économique des anciens Souverains de la nation *Helviéne* (aujourd'hui le Vivarais) dont César fait mention, & que cet Empereur s'associa pour la conquête des Gaules.

Il n'est pas permis de donner une autre origine à ces divisions du Vivarais. Elles existoient sans doute avant

le fyftême féodal fous lequel les intérêts des Seigneurs toujours divifés &
l'ignorance de cet âge ne permirent
jamais d'imaginer un partage fondé
fur les divers degrés de la température
de l'atmofphère , fur l'hydroftatique
des eaux courantes , fur la géographie
phyfique de cette partie du globe ter-
teftre : on peut en juger par cet
expofé.

1°. Les *Rives du Rhône* & une partie
des *Baffes-Boutières* forment une lifière
au bord occidental de ce fleuve.

C'eft un territoire privilégié , fertile
en plufieurs endroits , & dont les productions font très-variées , à caufe de la
chaleur du climat & du peu d'élévation de ce fol fur le niveau de la Méditerranée. Des poudingues & des roches
calcaires en pente forment le fol de
cette première divifion.

Le Maillagués , arrofé par les eaux
d'Ibie , eft un pays plus élevé fitué dans
la zone calcaire & borné par l'Ardèche ; on n'y trouve que très-peu de
blé & quelques vignobles , fur-tout

à Villeneuve-de-Berc qui en est la capitale.

Le Coiron est une grande plaine en montagne formée d'une immense couche de laves basaltiques horizontales, excavée en divers endroits par des ruisseaux. Mirabel qui a le titre de Marquisat érigé par Louis XV, plus considérable avant nos guerres de religion, en est la capitale. Cette plaine isolée est bornée par des précipices qui environnent presque toutes les hauteurs de cette grande montagne, & qui en font les limites naturelles.

La Montagne dont Pradelles est la capitale, Ville que je crois être la plus élevée de la France, & les *Hautes-Boutières* dont Saint-Agrève est le chef-lieu, forment des plateaux supérieurs granitiques qui séparent, par leurs pentes occidentale & orientale, les eaux de la Loire d'avec celles du Rhône. C'est le climat des plantes alpines, qui ne produit qu'un peu de seigle & des pâturages exquis.

Les Cevènes enclavées dans le Vivarais, bornées par l'Ardèche, prolongées jufqu'à Antraigues, Burzet, Colombier, Jaujac, Joanas, Tauriers, Rocles, Joyeufe, &c., font dans une région mitoyenne. Dans les vallées inférieures on trouve des vignobles & même des oliviers ; mais en général le peuple s'y nourrit de châtaignes. Aubenas en eft la capitale.

Le fyftême des productions végétales varie ainfi dans ces contrées diverfes, comme les degrés de chaleur atmofphérique & comme les êtres du règne minéralogique.

La divifion de cette province en Haut-Vivarais & en Bas-Vivarais eft d'un temps plus moderne : elle fut établie pour diftinguer le Diocèfe de Viviers d'avec ceux de Vienne & de Valence, qui s'étendent en Vivarais. Auffi porte-t-elle le caractère de toutes les divifions récentes fondées fur des vues particulières & arbitraires.

Après avoir décrit les formes extérieures du fol du Vivarais & l'excavation des vallées opérée par l'action deſtructive des eaux courantes ; après avoir ainſi déterminé les opérations de la nature dans les temps les plus récens, il eſt à propos de pénétrer dans le cœur même de ces montagnes , & d'obſerver leurs couches , leur ſuperpoſition, leurs minéraux & les territoires de diverſe nature ; préparant ainſi des matériaux & des faits particuliers pour en conclure dans la ſuite des vérités plus générales.

FIN de la Géographie phyſique du Vivarais.

HISTOIRE

NATURELLE

DU

VIVARAIS.

SECONDE PARTIE
*Contenant l'HISTOIRE NATURELLE
DES MONTAGNES CALCAIRES
de cette Province.*

On ne peut douter que les eaux de la mer n'aient séjourné sur la surface de la terre que nous habitons, & que par conséquent cette même surface de notre continent n'ait été pendant quelque temps le fond d'une mer, dans laquelle tout se passoit comme tout se passe actuellement dans la mer d'aujourd'hui.

HIST. ET THEORIE DE LA TERRE, second Discours.

HISTOIRE

NATURELLE

DES MONTAGNES CALCAIRES

DU VIVARAIS.

CHAPITRE I.

De la matière calcaire, considérée en général. De sa formation, & de ses métamorphoses.

108. **N**Ous n'essayerons point de prouver l'antique séjour des eaux maritimes sur les montagnes calcaires.

Bernard Palissi, simple potier de terre,

Tome I.   L

fondé fur fes obfervations particulières, enfeignoit cette doctrine à Paris lorfque la France étoit défolée par fes guèrres de religion, & qu'elle étoit plongée dans un véritable état d'ignorance : on croit même que l'antiquité la plus reculée l'avoit foutenue dans fes écoles. Quoi qu'il en foit, M. le Comte de Buffon né pour philofopher fur les plus grands faits de la Nature & pour les décrire avec tant d'élévation, a donné à ce fyftême la plus grande vraifemblance ; & plufieurs Obfervateurs, entre autres M. Guettard, ont rapporté un fi grand nombre de faits qui l'appuyent, qu'on ne trouve plus aucun Naturalifte qui s'en écarte.

Cette matière calcaire, ou, ce qui eft le même, l'affemblage confus ou régulier des marbres, des crayes, des plâtres, des ardoifes, des fchiftes & autres fubftances de cette nature qui compofent la croute extérieure du globe, eft donc un refte de la vafe formée par l'Océan univerfel qui fubmergeoit tous les continens.

Élaborée d'abord par les courans des eaux maritimes, déposée ensuite & consolidée par les forces de la pétrification, cette matière montre, par les fossiles & les squelettes des animaux marins qu'elle renferme, qu'elle n'est véritablement qu'un dépôt de l'ancien Océan général.

109. D'autres analogies annoncent même qu'elle renferme une grande quantité de matières animales fixées, qui n'ont besoin, pour reprendre une certaine apparence d'organisation extérieure, que d'un fluide qui lui serve de véhicule, & qui tienne dans un état de suspension ses molécules les plus élémentaires, pour qu'elles puissent se mettre en ordre & composer un tout qui imite tantôt des figures géométriques, & tantôt des êtres organisés.

De là les spaths, les stalactites diverses, & sur-tout celles qui, composées de ramifications, font des images incomplettes de quelque végétal.

D'autres fois le véhicule qui porte les molécules cristallisables calcaires ne leur accordant que la fimple facilité de s'approcher fans fe balancer mutuellement , & fans qu'elles puiffent choifir des parties correfpondantes ; il ne réfulte de cette dernière combinaifon qu'une fimple réunion des parties : de là la formation des carrières opaques & calcaires , & celle des poudingues, qui ont pour gluten ces fubftances calcaires diffoutes dans les eaux , & qui deviennent leur ciment.

110. Voilà la nature des forces de la matière calcaire la plus pure, qui femble toujours portée à criftallifer & à réunir toutes fes parties fimilaires, tandis que le mélange des matières fulfureufes & de divers autres agens acides , fuffit pour détruire dans ces fubftances toute cohéfion & toute leur force de vicinité.

111. De là leur changement en lits d'argile que nous avons obfervés à Cheylus en Coiron , à l'Argentière , à Uzer , &c. : leur appareil extérieur préfente des filons fulfureux , quelquefois environnés de petits criftaux

de fpath ; & ce foufre jeté fur des charbons ardens, donne cette odeur & ces
flammes bleues qui caractérifent ce minéral ; ce qui confirme les vues de M.
Baumé favant Chymifte de l'Académie
des Sciences, qui a écrit fur les argiles
& fur leur formation.

Voilà donc dans le foufre des forces
expanfives qui détruifent, par leur interpofition entre les molécules calcaires, leur adhéfion réciproque, leur
gluten & leur tendance. Or, ces forces
expanfives du foufre paroiffent même
s'étendre jufqu'aux matières granitiques, puifque celles-ci entrent auffi
dans un état de décompofition dans
leur voifinage avec ce minéral, comme
je l'ai obfervé à Defagne, à Rocles,
à Tauriers, & dans plufieurs autres endroits de la province.

Le feu & les acides d'un autre côté,
agiffant d'une certaine manière fur les
matières calcaires, leur enlèvent ce
fluide appelé gaz méphytique, qui étant
lui-même de nature acide, s'unit avec
celui qu'on lui offre, & combinant

L 3

fon activité avec la fienne, fe fait jour à travers la pierre & fe repand dans l'atmofphère en tous fens, délaiffant la matière calcaire qui le tenoit enfermé.

112. Les carrières calcaires, en général, font homogènes ou impures; l'origine de ces dernières paroît poftérieure à celle des précédentes, & cette altération provient du mélange de ces fubftances avec divers corps étrangers. Il n'en eft pas de même des marbres de première formation, ils font ordinairement de la même couleur dans toutes leurs parties; leurs filons remplis de fpaths ne paroiffent être que l'effet du retrait de la matière dans lequel un fluide fpathique eft venu fe repofer.

Après toutes ces obfervations préliminaires, jetons un regard fur la variété des métamorphofes qu'éprouvent ces fubftances calcaires qui enveloppent notre globe terreftre, & forment une partie de fa croute extérieure.

Il eft probable, d'abord, que des fubftances vitreufes font la bafe prin-

cipale de la matière calcaire ; quelques-
unes reprennent leur état de verre primordial, lorfqu'on leur fait éprouver
l'action d'un feu véhément ; & toutes
décèlent même cette origine, lorfque,
faifant l'office de fondant, elles entrent
dans un état de fufion, & fe changent
de nouveau en verre : de forte que nous
fommes portés à croire avec M. de
Buffon & avec les plus grands Chymiftes, que tout ce qui exifte n'eft qu'un
verre déguifé ou tellement altéré par
fon mélange avec divers élémens, &
fur-tout avec les molécules de la matière vivante, qu'il faut toute l'activité
de l'élément du feu, pour remettre ces
verres altérés dans leur état primitif.
Encore l'homme qui n'adminiftre que
des feux factices n'a-t-il point réuffi
à mettre en fufion toutes les fubftances
qui en feroient fufceptibles, fi elles
étoient expofées à des feux plus vé-
hémens.

Le verre primordial fut donc la matière première du globe terreftre. C'eft
le principe univerfel de toutes les pier-

L 4

res vives & même des carrières calcaires,
puifqu'elles deviennent encore vitriformes , lorfque leurs molécules peuvent
fe criftallifer , & puifqu'elles entrent
même comme fondans , ainfi que nous
l'avons dit , dans la compofition de nos
verres factices : ce qui annonce , fi je
ne me trompe, des propriétés analogues
à celle de la matière vitreufe avec laquelle elle affecte une cohérence , lorfqu'elle eft dégagée des molécules vivantes , débris des animaux marins. Or ,
voilà déjà une métamorphofe remarquable du verre primordial renfermé
dans les pierres calcaires.

113. Cette union des molécules de
verre avec la matière vivante , ou ce
qui eft le même avec les débris des
animaux marins à coquille , n'eft point
tellement indiffoluble , qu'il n'y ait dans
la nature des agens qui détruifent
cette connexion. De là l'origine de la
pulvérulence des carrières calcaires ,
& le paffage de leur état compacte à
l'état argileux par l'intermède des acides dont la force détruit l'agrégation

des molécules diffemblables , faifant paffer la matière élémentaire dans fa feconde métamorphofe ou dans fon fécond état principal.

Or , les roches devenues purvérulentes ou argileufes , états fi différens de celui de la folidité dont elles jouiffoient avant l'action des acides , font attaquées à leur tour , non par des acides dont elles font déjà faturées , & qui ont par là épuifé toute leur force , mais par les élémens tels que l'air & l'eau qui changent en terres ces roches vives.

114. Parcourez la vallée dans laquelle font fitués en Vivarais les villages d'Uzer , de la Chapelle , de St. Sernin , &c. , vous ferez frappé de ces décompofitions journalières des roches vives tombant en pourriture ou en pulvérulence , annonçant la deftruction récente de ces carrières , & leur changement en terres mobiles inférieures qui deviennent végétales.

Examinez près le Colombier à l'Argentière les carrières calcaires fituées

vis-à-vis les prairies de M. Fayolle ;
elles font fi puiffamment attaquées par
ces agens deftructeurs, qu'elles ne peuvent plus foutenir leurs propres parties. Ces roches la plûpart coupées à
pic tombent en pièces ; fur-tout pendant le dégel qui facilite, par la féparation de leurs molécules, la deftruction commencée par des agens plus
généraux.

Voilà donc une troifième métamorphofe de la matière primitive en terre végétale dont l'origine date de
cette deftruction des roches vives.

115. Le feu & l'action des eaux
courantes peuvent néanmoins rendre
quelquefois à ces matières divifées leur
ancienne cohérence, ou au moins une
partie de cette qualité.

Le feu convertit même quelquefois
en pierre leur état argileux ou pulvérulent, il change en verre les compofés de molécules vitrifiables & calcaires (les ouvrages de poterie & les
porcelaines font connûs), tandis que
l'élément d'eau, doué d'une force diffol-

vante, peut encore pénétrer les molécules & les terres calcaires végétales,
& en féparer les matières vivantes hétérogènes de tous les agens deftructeurs de la cohéfion. Il arrive alors,
dans la rentrée de la matière calcaire
dans fes droits primitifs, les plus beaux
phénomènes de la nature, un renou-
vellement de la pétrification primordiale, foit dans les gypfes ; foit dans
les ftalactites, foit dans les fpaths,
foit enfin dans toutes les aglutinations
qui font des petites images récentes
de ce qui s'eft paffé dans les plus
anciens temps du règne calcaire.

116. Voilà une quatrième métamorphofe. Obfervons à préfent les
fleuves dépofer ces décombres des montagnes, & laiffer à droite & à gauche
de leur lit des amas de poudingues
& de brèches. Obfervons ces déblais
qui deviennent de roches calcaires les
plus vives, ou des carrières de marbre fecondaire, & nous verrons enfin
la matière calcaire revenir dans fon
premier état de folidité pour le per-

dre de nouveau, & repaſſer par tous les états précédens dans les âges futurs de la nature, ce qui donne une ſucceſſion étonnante de métamorphoſes.

117. Encore, ſi nous voulons obſerver, non le changement de la forme, mais le changement purement local de toutes ces ſubſtances, nous trouverons d'abord les molécules calcaires agitées par les courans des mers, battues comme leurs flots par tous les vents, diſſoutes enfin dans l'Océan univerſel qui ſubmergeoit toutes les hauteurs terreſtres.

Enſuite nous verrons ces mêmes molécules ſe dépoſer enſemble, former des carrières attaquées, après la diminution des eaux maritimes, par les courans des eaux pluviales ou fluviatiles, ſe précipiter avec elles des roches ſupérieures, former des plaines inférieures, & deſcendre dans la ſuite juſqu'au niveau actuel des mers.

De ſorte que, par ſon ſeul mouvement de tranſlation, la matière calcaire, quelque peſante & compacte

qu'elle foit aujourd'hui, a circulé jadis
dans tous les élémens, elle a formé
la vafe des mers & le noyau des montagnes, elle a parcouru les vallées &
les plaines inférieures, tandis que fes
métamorphofes la préfentent fous les
formes fucceffives de terre vitrifiable,
de corps d'animaux marins, de vafe
maritime, de roche calcaire, de caillou, d'argile & de terre, de poudingue
& de roches fecondaires : & dans quels
détails n'entrerions-nous point, fi nous
voulions fuivre les altérations poftérieures opérées par la main de l'homme, fuivre par exemple la matière
dans fon état de chaux ou de plâtre,
& dans toutes fes formes artificielles !

De tout ce nous avons dit ci-deffus il réfulte donc que la matière
jouit en général d'une tendance réciproque dans toutes fes parties les plus
divifées, que l'effet de cette tendance
produit la pétrification ou l'adhérence
de plufieurs molécules fimilaires, que
l'interpofition des corps hétérogènes

peut arrêter cette force de cohéfion, mais que l'eau divifant par fa grande qualité diffolvante ces molécules étrangères, peut réunir les molécules confituantes fimilaires d'où réfultent les pierres calcaires, les marbres & toutes les incruftations ou criftallifations qui font l'objet des recherches des Naturaliftes.

Telles font les opérations chymiques de la nature, qui s'offrent fous les tableaux les plus majeftueux. Dans nos laboratoires on les imite en petit, lorfqu'on fait éprouver aux fubftances terreftres une feconde action des élémens, & lorfqu'on les métamorphofe en d'autres fubftances fecondaires. Or, tous ces agens ou ces métamorphofes de la chymie artificielle ne font que des mouvemens fubordonnés aux grands mouvemens de la maffe univerfelle des êtres, ils font tous foumis aux lois de la nature les plus générales, & le Chymifte qui rapporte les caufes de fes opérations à ces agens univerfels, ou, pour mieux s'exprimer encore, au fyftême général de l'univers, eft le véritable interprète de la nature, tandis que les fyftêmes refferrés & les vues rétrécies dont on veut fe fervir pour expliquer des phénomènes, font dans cette fcience, comme dans toutes les autres, l'ouvrage de l'imagination de l'homme, qui eft toujours bien éloignée des vues de la nature.

Auffi MM. Macquer, Sage, Lavoifier, Baumé, de Morveau & plufieurs autres Chymiftes qu'il feroit trop long de nommer, & qui ont écrit fur des parties de la Chymie confidérée en grand, ont eu foin de prendre pour fondemens de leur théorie les lois les plus univerfelles de la nature. La Chymie n'avoit jamais paru auffi fublime que dans leurs ouvrages; ce n'eft auffi que de nos temps que cette fcience, cultivée par des génies tels que Becher, Stahl, Boerhaave, &c., eft fortie de l'état gothique, pour ainfi dire, où elle étoit avant que les connoiffances phyfiques & analogues fuffent parvenues au degré de perfection où elles font aujourd'hui.

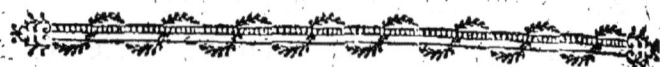

CHAPITRE II.

*Des couches inclinées , verticales & con-
centriques des montagnes calcaires.
Leurs formes extérieures. Précipices
perpendiculaires. Fentes verticales.
Colonnes ou maffes cubiques des environs de Ruoms. Vues fur leur formation.*

118. LEs couches horizontales font
en général plus multipliées vers la
bafe des montagnes calcaires que vers
leur fommet: le mont Bederet à l'Argentière , la chaîne des montagnes
d'Uzer, de la Chapelle , &c., montrent cette vérité; tandis que les fommets des montagnes de Gras qui font
les pics les plus élevés de la zone calcaire , ceux de Cruffol, de Samzon ,
les montagnes calcaires qui font vis-
à-vis Aubenas du côté de Villeneuve-
de Berc, &c. , font formés de couches

ches immenfes très-homogènes, très-
compactes, fufceptibles d'un beau poli, & peuvent fervir comme de vrais
marbres à tous les ufages auxquels
cette pierre eft employée.

Ces maffes élevées & horizontales
font divifées quelquefois perpendicu-
lairement ; & lorfque le temps les détache les unes d'avec les autres, ces
fommets paroiffent la plûpart hériffés
de tours, de clochers, de fortifications & de cent édifices divers : l'imagination leur donne cette forme, lorfque pour la première fois on voit ces
objets, mais la connoiffance du pays
rectifie enfuite toute illufion.

119. Ces montagnes calcaires doivent être étudiées & parcourues fur-
tout dans les vallées profondes creufées par l'Ardèche. Cette rivière qui
a caufé en Vivarais les plus grands
ravages a coupé la plûpart de ces
montagnes d'une manière qui approche de la perpendiculaire, comme nous
l'avons dit. Or, ces grandes furfaces, la plûpart très - élevées, décèlent

Tome I. M

les fecrets de la nature enterrés dans le fein des montagnes, & montrent dans leurs divifions parallèles & horizontales tout le fyftême des couches.

Les plus baffes font d'abord les plus minces, & par conféquent les plus multipliées, de telle forte que ces couches font dans plufieurs endroits de l'épaiffeur d'une demi-ligne; mais à mefure qu'on monte vers les hauteurs, elles deviennent plus épaiffes, & quelques divifions perpendiculaires coupent à angles droits les lignes horizontales de féparation des précédentes.

120. Lorfqu'on eft arrivé enfin au fommet des plus hautes montagnes calcaires, les couches font quelquefois de trente à quarante pieds d'épaiffeur, fans d'autres fentes que des lignes perpendiculaires fouvent remplies de fpaths.

121. Or, ces fciffures perpendiculaires, qui pourtant n'ont pas été obfervées dans toutes les couches fupérieures en grandes maffes, femblent

fuivre la loi fuivante. *Plus la couche
eſt épaiſſe, & plus les diviſions perpendiculaires ſont rares* ; & vice verſâ.

D'autres fois ces montagnes ainſi
formées de couches parallèles horizontales ſont fendues & déchirées depuis
leur baſe, & peut-être inférieurement,
juſqu'au ſommet ; ces fentes contiennent pour la plûpart des corps étrangers, des terres végétales, des débris
de montagnes, ſouvent des filons de
mines, toujours quelques criſtaux ſpa-
thiques & des ſources d'eaux très-ſé-
léniteuſes.

122. J'ai dit que ces fentes perpendiculaires pouvoient être prolongées
inférieurement à leur baſe *viſible*, parce que j'ai obſervé, dès l'an 1765 à
Vinezac, le lit d'un ruiſſeau tracé
dans des montagnes calcaires. Ce lit
étoit de marbre grisâtre, vif, très-
compacte, diſpoſé en couches que le
courant des eaux rongeoit ſans ceſſe.
Une fente perpendiculaire d'un demi-
pied de large, deſcendant du ſommet
de la montagne à droite, étoit pro-

longée jufqu'au pied ; elle féparoit le
lit du ruiffeau , & remontoit jufqu'au
fommet de la montagne oppofée.

Des déblais de matière calcaire rem-
pliffoient la fente des deux montagnes
tranchées ; des cailloux roulés & des
terres végétales occupoient la fente du
lit de la rivière ; après les pluyes elles
étoient toutes dégoutantes d'eau , &
la fente qui paffoit fous le lit du ruiffeau préfentoit divers jets d'eau dont
les canaux dirigés vers plufieurs points
oppofés , élancoient les eaux en divers
fens , & formoient le plus beau coup-
d'œil ; lorfqu'on vouloit fermer une
de ces ouvertures , la voifine vomif-
foit de l'eau avec plus de véhémence
& en plus grande quantité.

Ces fentes perpendiculaires qui font
ainfi de formation poftérieure à celle
de la montagne , puifqu'elles font
remplies de corps étrangers , paroiffent
être un effet des tremblemens de terre ,
qui , à l'époque des éruptions des volcans , ont dévafté la Province , tranché ,
renverfé ou écroulé les montagnes

calcaires & vitrifiables, comme nous
le verrons dans la suite. Or, comme
ces feux souterrains avoient une grande puissance expulsive de bas en haut,
il paroît que ces montagnes à couche
ont pu être soulevées, & qu'elles ont
dû quelquefois se séparer en deux parties égales ou même en rayons, comme
une grande glace qu'un coup sec di-
vise de cette manière.

Nous développerons encore mieux
cette vérité dans la suite de cet ouvrage, lorsque nous décrirons les filons de basaltes incrustés dans ces fentes opérées d'abord par l'action sou-
terraine des volcans agités, & qu'on
observe aujourd'hui, tant dans les grandes roches vives & vitrifiables, que
dans les roches tendres & calcaires
voisines des volcans.

123. Après avoir vu les divisions
perpendiculaires & horizontales, nous
décrirons les variétés que présentent
ces divisions dans les montagnes de
même nature.

J'ai remarqué que les couches des

M 3

montagnes calcaires , (obſervation qui trouve quelques exceptions) étoient en général inclinées ſelon le cours & la pente des rivières ; les montagnes ſituées vis-à-vis Viviers & les correſpondantes qui ſont du côté oppoſé , celles de Cruſſol , celles du Coiron du côté d'Aubenas , &c. , offrent des couches inclinées dans le même ſens que le cours des eaux. Mais il eſt d'autres plans plus remarquables dans le ſyſtême des diviſions.

124. Les montagnes du Maillagués, par exemple, offrent ſouvent des couches concentriques qui paroiſſent des arcs de ſphères dont le centre eſt très-enfoncé au deſſous des montagnes ; j'ai obſervé même que le corps de la montagne affectoit une rotondité concentrique avec ces couches dont elle eſt formée : on trouvera pluſieurs de ces montagnes en paſſant de Ruoms à Valon , & en s'écartant un peu du chemin à droite.

125. D'autres fois ces montagnes à couches concentriques ont été ſéparées

en deux montagnes fecondaires : un vallon les coupe en deux parties, & chacune conferve fes divifions qui forment des arcs dont le centre eft fous le ruiffeau.

126. J'ai fouvent obfervé d'autres divifions d'autant plus remarquables & curieufes, que je crois qu'elles font encore inconnues. Dans les environs de St. Remeze, près de la vallée du *Saut-du-loup*, fe trouvent plufieurs montagnes dont les couches très-diftinctes & bien féparées les unes d'avec les autres offrent des couches recoquillées les plus fingulieres. Je ne puis mieux les repréfenter au lecteur qu'en lui montrant en idée huit à dix feuilles de papier colées enfemble. Si on forme un peloton confus de ces papiers unis, on conçoit qu'ils participeront tous enfemble & d'une maniere concentrique à toutes les finuofités de la maffe totale.

Ce qui étonne davantage, ce font les continuations de chaque couche recoquillée, qui s'étendent enfuite en cou-

ches horizontales : après cet état de
confufion de chaque couche , on les
voit fe débrouiller & fe convertir toutes enfemble en lignes parallèles horizontales, fans fe confondre , confervant chacune à droite & à gauche de
cette confufion des couches régulières
de la même épaiffeur. Cette obfervation a été confirmée dans les Cevènes , dans un voyage du Vivarais à
Ufez en paffant par St. Ambroix , au
fommet d'une montagne coupée à pic.
J'ignore le nom de cette montagne ,
m'étant trouvé feul dans le vallon inférieur , lorfque je la décrivois. On
peut encore obferver les mêmes phénomènes fur les couches du bord de
la Ligne près l'Argentière , depuis le
pont neuf jufqu'au pont de Montréal.

On conçoit que ces fortes de divifions cachées dans le cœur de la montagne , ne font vifibles que dans celles
qui font tranchées d'une manière perpendiculaire ; ce fite feul , le plus pittorefque , permet ces obfervations ,
femblable au poli qu'on donne aux

échantillons de divers minéraux, qui décèle ainfi les richeffes & les couleurs qu'on veut obferver.

128. Depuis les montagnes des environs de Rofières, paffant par St. Amant, par la montagne de Bulliens, par Uzer, la Chapelle, Veffaux, jufqu'aux fondemens des élévations volcanifées du Coiron, on trouve des couches horizontales. Si on ne les perd point de vue, on les voit prolongées depuis Rozières jufqu'à Lefchelette qui eft une continuation des mêmes montagnes d'environ quatre lieues ; il faut employer cinq heures de chemin au moins, pour parcourir cette chaîne de montagnes toujours contiguës jufqu'au paffage de l'Ardèche qui les a coupées à pic fous Aubenas (49). Nous invitons les Naturaliftes qui voyageront dans la Province, à bien examiner ces élévations où les couches fe préfentent d'une manière fi faillante, & à fuivre le cours de l'Ardèche qui décèle, dans l'intérieur de ces monta-

gnes qu'elle a creufées, tout le fyftême de ces couches.

129. Après avoir confidéré la forme intérieure des montagnes calcaires, leurs divifions perpendiculaires & horizontales comparées, & tout ce que nous préfente leur intérieur, il faut à préfent fortir de leur concavité, & examiner leurs formes extérieures.

Les montagnes à couches, qui font éloignées des rivières, s'offrent fouvent fous l'afpect de grandes boules rondes vers leur fommet, à moins qu'elles ne foient couronnées par des pics de roches qui tombent en décrépitude. Toutes ces montagnes fphéroidales forment des pentes fort douces vers leur bafe, elles font féparées entre elles par des vallées qui fe préfentent en forme d'arc renverfé. De forte qu'à vue d'oifeau ces montagnes à couches doivent être difpofées comme des globes qui étant bien unis laiffent des enfoncemens en zigzag. Or, ces formes font fort rares, & il ne faut pas juger par ces defcriptions très-particulières que toutes nos montagnes calcaires foient femblables. Leurs ruiffeaux intermédiaires ferpentent ainfi fort rarement.

130. Les régions calcaires du Vivarais offrent au contraire en général des montagnes renverfées, creufées, perforées, couvertes de cailloux roulés & amoncelés qui forment un nouveau fol. Mille cafcades tombant des fommets de ces montagnes pendant les pluyes, augmentent les défordres par la force acquife des eaux précipitées. Des torrens de gravier, de cailloux & de terre font entraînés avec ces eaux qui deviennent leur véhicule, & fe précipitent avec tous ces corps, avec le défordre le plus affreux; ils forment enfuite inférieurement des atterriffemens, & quelquefois des roches fecondaires que la fucceffion des temps & les travaux des fels aglutinent. Des fpaths, des criftaux de toute forme & de toute couleur fe trouvent dans ce dernier cas dans l'intérieur de

ces corps battus, entraînés, dépo-
fés & réunis par les eaux qui forment
ce qu'on appelle brèches ou poudingues qu'on admire tout le long de nos
ruiffeaux & des rivières.

131. A St. Etienne de Fombellon
fous Aubenas on trouve, non loin de
la petite Chapelle de Ste. Anne, d'autres couches fingulières. La carrière
eft de la nature du marbre fufceptible d'un beau poli, dur; attaquable
par les acides & fort aigre; il fe
coupe, en le frappant, là où l'on s'at-
tendoit le moins.

Si on lève une table de pierre calcaire, celle qu'on trouve au deffous
eft coupée en quarrés qui laiffent d'autres quarrés vides entre eux; quelquefois ils ne font féparés que par
quelque peu de terre qui paroît peu
propre à la végétation.

Si on lève encore une autre couche
de marbre, on trouve avec non moins
de furprife les mêmes divifions que
ci-devant. Quelquefois ces tables partagées ainfi ne font pas coupées par

une section perpendiculaire ; mais dans leur partage elles sont coupées de telle sorte qu'elles se présentent mutuellement un enfoncement rond de figure vraiment géométrique, à peu près comme deux livres dont les dos seroient opposés l'un à l'autre.

Voilà des divisions & des formes naturelles qui découragent tout partisan de systêmes. Ici, comme dans plusieurs objets, on doit se tenir à l'écart, se contenter de décrire sans passer outre, en admirant la variété des formes des productions de la nature, qui obéissent aux lois qu'il n'est par permis encore à l'homme d'approfondir.

132. Le marbre que nous avons observé en masses énormes à Crussol, à Bidon, au pont d'Arc, &c., est divisé à Vinezac en couches fort minces & très-compactes. Ces tables sont entremêlées dans plusieurs endroits avec d'autres couches de terre ou d'argile, qui ont pour fondement une autre table de marbre ; & j'ai observé

une fucceffion réciproque de femblables couches pofées horizontalement fur une hauteur de plus de fix pieds.

133. Dans une autre partie du terroir de Vinezac du côté de la Chapelle, j'ai fouvent confidéré des montagnes entières compofées de pierres calcaires de la nature du marbre ; la vigne réuffit dans ces cantons pierreux, en enfonçant fes racines fort profondément dans la terre à travers la pierraille. Tous ces amas, de même que les couches de marbre, font d'une dureté extrême, ils font intraitables, ils fe caffent dans une partie contraire à l'attente, ils font une prompte effervefcence avec les acides : au deffous de la tour, & dans les environs fur-tout du *Mas* au deffous de la maifon de Mollier, on trouve quelquefois des ammonites très-bien confervées, converties en pierre calcaire très-dure.

Vinezac eft fitué fur une montagne de cette nature ; on y trouve un beau château qui appartient à l'ancienne Maifon de Julien ; l'air y eft pur, fes habitans vivent long-temps, & ce Village eft fitué fur une élévation d'où l'on découvre un très-beau pays.

134. En paffant de Ruoms à Valon, on rencontre fur une petite élévation perpendiculaire, à gauche du chemin, une carrière de couches parallèles & fuperpofées d'environ un pied de diamètre. Chaque couche eft compofée d'une fuite de globes très-compactes; ils offrent tous, en les caffant, des nuances concentriques de couleurs grife & blanche; ils font rangés entre eux comme les boulets de canon dans les places fortes : une couche de boulets contigus repofe d'abord fur le fol, une feconde couche eft pofée fur les précédens, & ainfi de fuite.

Tous les boulets de marbre font difpofés à peu près de la même manière. Chaque lit de la carrière contient une couche de boulets, dont les interftices font remplis par des angles de même nature que les globes.

On trouve des carrières femblables en defcendant la même montagne vers

Valon : j'en ai observé encore d'autres dans le voisinage de la roche d'Aps.

135. En montant du pont Saint-Esprit vers Saint-Remèse, on parcourt toujours des vallons ou des plaines de nature calcaire : la vue du voisinage de Bidon, village de la dépendance de Saint-Remèse, attire toute l'attention du voyageur. Ce ne font plus ici des montagnes composées de couches parallèles & horizontales de nature calcaire, ni des vallons creusés dans des feuillets de pierre de même nature ; mais plutôt une région immense formée d'un rocher tout d'une pièce, horizontal, avec la consistance du marbre le plus dur, susceptible du plus beau poli, fendu intérieurement en mille sens divers, de couleur de fer, très-homogène dans sa texture, n'ayant dans son sein que quelques cornes d'ammon & des bélemnites qu'on trouve de cent à cent pas.

Ces cornes d'ammon ne font point vides dans aucune de leurs parties ; leur substance est absolument changée en

en marbre de la même nature, couleur & dureté que le marbre ambiant ;
de sorte qu'on ne distingueroit jamais
ces anciens corps marins, s'il n'y avoit
une séparation entre eux & le marbre
qui les contient. Or, cette séparation
est si peu considérable, ou plutôt l'efpace qui est entre le corps pétrifié &
le marbre est si petit, qu'on ne peut
souvent l'appercevoir sans lentille. A
l'aide de cet instrument on distingue
la section qu'on peut comparer à celle
d'un morceau de bois fendu & réuni
dans le même moment.

Tel est l'état de l'immense rocher
des environs de Bidon ; les eaux, les
gelées, l'air & tous les agens deftructeurs de la nature en ont altéré
le sommet qui est plus tendre que
les parties inférieures. Cet immense
rocher se montre néanmoins à nud,
il est élevé de telle manière qu'il forme
une véritable plaine en montagne, fur
laquelle il n'y a aucune couche de terre végétale, & les habitans de Bidon
les plus misérables des environs ne ti-

Tome I.   N

rent leur subsistance que de quelques champs qu'on trouve dans deux ou trois petits ravins secs où la terre s'arrête & où ils sèment du blé : ils ont d'ailleurs quelques bestiaux qui broutent l'herbe qui vient fortuitement sur leur rocher pelé, & qui a quelques petits creux où la terre & l'humidité nourrissent des plantes & des buis.

136. Mais outre ces creux le rocher de Bidon présente encore de part & d'autre des précipices affreux, des fentes longitudinales depuis son sommet jusques sans doute vers son fondement. Ce qui étonne davantage, c'est de voir que ces fentes sont de véritables scissures du rocher, qui étoient auparavant réunies ; chaque partie saillante de marbre s'avance vers la partie enfoncée qui est vis-à-vis ; c'est donc ici un véritable retrait de la matière, & l'effet d'une force quelconque, qui a condensé cette masse énorme de marbre.

137. Ces fentes perpendiculaires sont

d'une profondeur étonnante. On compte jufques à huit battemens de pouls avant qu'une pierre foit arrivée au fond. Elle tombe alors dans l'eau, & un bruit fourd fuccède à fa chûte. La largeur des fentes eft depuis un demi-pied jufqu'à deux : elles font prolongées en droite ligne & fe croifent entre elles, formant des quarrés, des trapèfes, des triangles de toutes les formes ; de forte que la maffe totale eft ainfi divifée en colonnes, comme des bafaltes énormes.

138. Toutes ces fentes ne font pas de la même profondeur ; quelques-unes font remplies de déblais calcaires, granitiques & même volcanifés, d'autres ne font pas exactement perpendiculaires.

139. Nous avons fait tirer de l'eau qui eft au fond, pour favoir fi elle étoit minérale, & quel étoit fon degré de chaleur ou de froid ; nous l'avons trouvée très-pure & très-fraîche : l'ayant obfervée en hiver, j'ai vu ces fentes laiffer émaner des vapeurs hu-

mides que la chaleur fouterraine de la terre divifoit & volatilifoit.

140. Pendant un froid extrême au commencement de janvier 1777, j'ai vu ces vapeurs s'élever, fe geler & retomber en petits glaçons à peine vifibles fur mes habits noirs.

Telle eft l'hiftoire du rocher immenfe de marbre de Bidon : il a, du midi au nord, près de trois quarts de lieue de largeur, & de l'orient au couchant il forme une zone de deux lieues de diftance en fuivant la même ligne du couchant au levant. Des rochers de la même nature, fans couches & fans divifions horizontales, fuccèdent enfuite à ces maffes juxtapofées.

Depuis la formation de ces étonnantes colonnes leur texture ne s'eft point confervée parfaitement intacte ; les eaux des pluyes ont creufé de part en part des ravins & divers enfoncemens. La maffe totale perd ici fon horizontalité ; mais elle porte néanmoins de toutes parts une empreinte de fa pre-

mière unité & confiftance : ces ravins,
ces fentes, ces gerfures, ces altérations fupérieures, ces enfoncemens font
des effets produits après fa première
formation ; les gelées, le foleil, la
chaleur, les eaux, tous les diffolvans
chymiques du globe terreftre ont opéré ces altérations modernes qui augmentent chaque jour.

141. Mais voici de nouveaux objets capables de défefpérer les Naturaliftes qui veulent pénétrer dans l'origine des productions de la nature,
expliquer leur état paffé & futur. Je
parle des landes de Ruoms.

Ruoms eft un bourg fitué au côté
gauche de l'Ardèche ; fes landes font
entre cette rivière & la montagne des
Bulliens, elles offrent des rochers &
des pics dans un défordre le plus fingulier qui s'obferve dans un terrain
en forme de zone longitudinale d'Occident en Orient, parallèle avec le
niveau de la mer & d'environ demi-
lieue de large.

De tous côtés on ne voit que des

N 3

maſſes énormes de rochers coupés, mutilés, ſéparés les uns d'avec les autres;
& comme par tout ailleurs le ſyſtême
général des pierres de nature calcaire
ſe préſente en forme de couches ordinairement inclinées ou horizontales,
on eſt très-étonné de voir cette ſingulière ſéparation verticale des rochers les uns d'avec les autres.

142. On admire encore davantage
des eſpèces d'auges creuſées dans le
rocher fondamental qui ſupporte toutes ces maſſes. Ces auges qu'on rencontre de toutes parts, ont une ſorte
de régularité qui attire ſur-tout l'attention : ce ſont de grandes ſphéres
concaves, des creux gravés dans le
marbre en ovale, des enfoncemens de
quatre, ſix & huit pieds de profondeur.

Rien n'eſt ici l'ouvrage de l'art,
nulle part on ne voit les traces du
travail ni de l'inſtrument de l'homme. Tout eſt pratiqué avec tant de
ſoins par la nature, & ces enfoncemens ſont ſi polis, qu'on ne ſauroit

concevoir que les hommes aient jamais paſſé leur temps à opérer ces merveilles dans des déſerts.

On ne peut pas même imaginer que ces creux aient été ainſi formés par la préſence d'un corps étranger qui auroit été tiré de ces moules après la pétrification du marbre ambiant ; car on trouve dans pluſieurs creux des enfoncemens qui ont plus de capacité que leur bouche. Jamais ces couches n'euſſent laiſſé extraire ces corps étrangers qui auroient été plus larges que l'ouverture.

Les maſſes cubiques du même canton n'étonnent pas moins que tous ces objets. Ici la régularité & l'ordre ſuccèdent à la confuſion précédente. De toutes parts on voit des blocs de marbre s'élever au deſſus de l'horizon d'une figure *quadrilatère*, & quelquefois *pentagone*. Ils ſont attachés au grand rocher de même nature qui eſt leur fondement, & ne ſont qu'un ſeul & même corps avec lui. Voyez en la planche ci-contre : le deſſein eſt pris à

N 4

cinquante pas à gauche au-delà du chemin de Ruoms.

144. Quelle eſt donc la cauſe de ces maſſes ſingulières & géométriques? Tout ce que je puis aſſurer, c'eſt qu'elles ſont toutes poſtérieures à la formation générale de la maſſe totale de marbre, puiſque ces cubes ſont compoſés de quelques couches parallèles, horizontales, correſpondantes & de même niveau; la formation des vides qui ſe trouvent entre un cube & ſon voiſin, eſt donc poſtérieure, puiſqu'il paroît que tous ces cubes diviſés aujourd'hui ne firent plus autrefois qu'un ſeul & même corps, comme les colonnes encore intactes de Bidon. *Voyez* (140).

On voit des cubes d'une hauteur de vingt à trente pieds, d'autres de quatre à cinq; quelques-uns ont vingt pieds de diamètre, & d'autres en ont moins encore.

145. Leur diſtance eſt auſſi variable que leur grandeur & leur groſſeur. Tantôt ils ſont éloignés les uns des

autres d'environ trois pieds , tantôt de douze , tantôt de quinze à vingt & au delà.

On confidère quelquefois des lourdes maffes pofées fur un très-petit piédeftal de même nature , mais rongé vers fon fondement.

D'autres fois on voit quelques cubes renverfés. Un de leurs angles les foutient fur le grand rocher fondamental inférieur ; le refte de la maffe eft appuyé fur l'autre partie du cube , qui s'eft maintenue en place fans fe détacher du grand rocher fondamental.

La vue générale de toutes ces régularités & de toutes les irrégularités voifines , offre plufieurs tableaux très-expreffifs de quelque ville ruinée , incendiée , ou renverfée par des tremblemens de terre ; mais dans le réel ce ne font que des ruines de la pure nature.

146. L'étonnement augmente encore , fi l'on fait attention que des chênes fort élevés & majeftueux croiffent entre ces maffes. On voit ces ar-

bres se cramponner entre ces roches, étendre leurs racines fort loin tout le long des sillons gravés dans le roc, & quelquefois, lorsqu'ils ne peuvent point les envoyer d'un côté, on voit dans ces arbres un surcroît de substance ligneuse munie de son écorce, qui embrasse très-étroitement le roc fondamental, & qui se glisse dans les parties enfoncées, en entourant celles qui font saillantes.

On voit de tous côtés encore des quartiers de rocher emportés par les forces compressives de l'arbre qui les a détachés du roc principal; & ces quartiers isolés, la plûpart, du reste du roc se trouvent inclus dans le tronc même de l'arbre. La force de la sève produit alors un gonflement vers ces parties; des nœuds fort gros les environnent, & il en sort des rejetons & des petites branches bâtardes.

147. Nous pouvons donc observer en passant, qu'outre le choix que fait le chêne de la bonne nourriture en dirigeant ses racines vers elle, il

ROCHES CUBIQUES DE RUOMS

possède encore une force de compression qu'il exerce sur le sol qui le contient pour jouir de la *solidité* & de la *stabilité*, deux grandes qualités qui distinguent cette espèce d'êtres vivans de la nature, d'avec les êtres vivans qui ont la faculté de se mouvoir.

Dans tous les environs on n'observe aucune sorte de pétrification, & quoique tout soit ici de nature calcaire, on ne trouve nulle part aucune trace de la nature organisée existante dans l'intérieur de tous ces corps singuliers, à l'époque de leur formation primordiale.

Tel est l'ordre & la confusion qui règnent dans les régions calcaires de Ruoms : pour avoir une théorie plausible de leur formation, il faut considérer cette masse calcaire dans le moment où la mer la laissa à découvert, & se placer précisément à cette époque.

148. La vase maritime n'étoit point encore consolidée, la pétrification ne pouvoit pas encore avoir lieu, & cette

vaſte région n'étoit qu'un amas de fange la plus bourbeuſe.

On conçoit donc que ſi les eaux ſupérieures des pluies, des torrens, traverſoient cette maſſe limoneuſe, elles ſe frayoient un chemin à travers leur ſubſtance, les eaux ſubſéquentes creuſoient encore davantage ces lits, & ces eſpaces intermédiaires ſe formoient ainſi à meſure que les eaux s'écouloient.

On ne doit pas ici révoquer en doute l'exiſtence de ces petits torrens: les lits des fleuves & des rivières n'étoient point creuſés encore; car comme ces lits ne ſont formés que par la ſucceſſion des temps & par un paſſage de longue durée d'une grande quantité d'eaux réunies, les landes de Ruoms ſortant alors de deſſous les eaux maritimes n'avoient pû être déchirées encore par le courant de ces eaux: & comme d'ailleurs la matière calcaire eſt ici fort élevée au deſſus du niveau de la mer, ſon émerſion eſt de date très-reculée.

On peut donc affurer que les landes de Ruoms préfentent le plus ancien terrain découvert par les eaux de
la mer, que leur pétrification n'a eu
lieu qu'après les écoulemens des eaux
maritimes, que fe trouvant encore aujourd'hui très-peu propres à nourrir
des plantes, les hommes n'ont pas
beaucoup dérangé ce fol pour les travaux de l'agriculture. Ces cubes, ces
pics, ces labyrinthes font donc les
véritables monumens de la féparation
des eaux; c'eft le fol le plus ancien de
la Province, celui qui préfente le plus
de vues juftes fur les époques de la
nature, comme nous le verrons dans
cette partie de notre ouvrage.

149. Mais comment expliquer les
fphères concaves creufées dans le roc,
les enfoncemens de forme ovale &
toutes les irrégularités *rentrantes* de
ces régions ? Nous avons obfervé, en
effet, qu'autant les cubes *faillans* au
deffus de l'horizon préfentoient des
vues les plus frappantes (142), autant
les auges, les enfoncemens & les ir-

régularités *rentrantes* frappoient l'obſervateur (143) : ici paroît la vraiſemblance de notre hypothèſe.

En effet, les torrens qui s'écouloient des lieux ſupérieurs , tombant quelquefois en forme de caſcade , formoient un petit gouffre à force de couler ſur ce ſol , ces eaux changeant dans la ſuite de détermination , ont laiſſé ces auges vides , objet de notre étonnement , & ces vides ayant été remplis poſtérieurement d'une terre végétale, ont été & ſont encore , pour la plûpart, des vaſes dans leſquels ſont plantés des chênes , des vignes & des mûriers , comme nous l'avons dit ci-deſſus.

Cette hypothèſe de l'excavation du ſol par le paſſage des eaux & des caſcades poſtérieures ſur la vaſe non encore pétrifiée, eſt ſi vraiſemblable, qu'on la trouve confirmée de tous côtés dans d'autres ſubſtances de notre Province. Nous ſavons, ſans crainte de nous tromper, que la lave baſalte a été autrefois en fuſion ; nous ſavons qu'un corps en fufion fe combine de manière que toutes fes parties font de niveau. La magnifique cafcade qu'on trouve donc en montant de Vals vers Antraigues, & qui par fa chûte frappe fur le bafalte pofé horizontalement, devoit donc à la longue fe creufer un baffin ; l'on voit effectivement ce magnifique baffin d'une belle proportion & de forme géométrique, dont la capacité augmente toujours en raifon de la quantité d'eau & de la durée du temps, jufqu'à ce que, après la révolution de plufieurs années, la couche de bafalte foit entièrement minée & percée d'outre en outre : cet exemple confirme donc l'action des cafcades qui ont formé les auges dont nous avons parlé.

Tels font les effets lents, mais véritables, de l'eau en mouvement ; plus on étudie la nature, plus on trouve des images de deftruction ; aucun élément, aucun corps quelconque ne peuvent agir fur une fubftance fans altérer fa nature & fa forme, à force de multiplier fes actions.

En rapportant, ainfi la formation des cubes des landes de Ruoms à l'action des ruiffeaux, à l'époque de l'éloignement des eaux maritimes, on voit que ces landes font les contrées les plus anciennes du voifinage ; c'eft ici un fol vierge. Les hommes deftructeurs éternels des formes établies par la nature, foit par les travaux de l'agriculture, foit par les bouleverfemens que leurs commodités, leur luxe, leur commerce & les travaux des mines ont rendu néceffaires, ont laiffé ce pays dans fon état primordial ; l'amorce d'une agriculture plus aifée les a appelés ailleurs : les fleuves & les rivières, ces mobiles puiffans qui tranfportent à la longue d'une région à l'autre des maffes énormes de matières terreftres, éloignées de ce fol, n'ont pas encore dérangé ce pays après fon émerfion ; & les landes de Ruoms fortant ainfi des mains de la nature fans aucune altération poftérieure, font les lieux les plus curieux de la Province.

Nous terminerons ici l'hiftoire des
divifions

divifions qu'on obferve dans les roches calcaires, en difant un mot des couches horizontales compofées de prifmes pofés verticalement les uns à côté des autres. On connoît ceux des carrières à plâtre de Mont-martre. Ceux que j'ai obfervés près de Viviers, dans les environs de l'Argentière, à Vinezac, à Balafuc & dans plufieurs autres endroits, démontrent que la force qui a divifé ces roches calcaires étoit double, puifqu'elle a produit des fciffures fi différentes dans leurs directions; & de tout ce que nous avons écrit fur cette matière nous conclurons, ci-après, que cette force fut une dans fon principe, quoiqu'elle ait produit ces deux effets différens, le premier dans la divifion de la roche en fens perpendiculaire, & le fecond en fens horizontal. *Voyez ci-après le Chapitre où il eft traité de la caufe des fentes de ces rochers & de leurs divifions en couches.*

CHAPITRE III.

Des grottes souterraines à toit calcaire. Description des grottes de Valon. Stalactites pyramidales. Singulière illusion d'optique dans ces concavités. Stalactites saillantes, en colonnes, en tapisserie, à ramifications, &c. Théorie de la formation des stalactites. Expériences sur la température des concavités les plus profondes. Problême de physiologie.

150. LEs montagnes calcaires sont composées, la plupart, de grandes couches horizontales superposées; d'autres sont établies sur des terres argileuses. Or, le nombre des faits physiques étant égal à celui des causes, il falloit qu'il y eût dans l'intérieur du globe diverses concavités, puisque les causes qui les produisent sont fort communes.

On conçoit que, pour la formation de semblables vides dans l'intérieur du globe , il ne faut qu'un affaissement des subftances inférieures ; la voûte fupérieure compofée d'une ou de plufieurs couches parallèles , fupporte les maffes qui font au-deffus , & forme le toit de ces concavités fouterraines.

Nous avons , en Vivarais , diverfes grottes femblables ; mais celles de Valon méritent , de préférence , une defcription particulière , à caufe des variétés des ftalactites & d'un grand nombre de phénomènes que m'ont préfenté ces cavernes.

M. le Comte de la Gorce , à qui elles appartiennent , donna tous les ordres néceffaires pour que je pus en remarquer à l'aife toutes les curiofités ; il vint lui-même obferver la Nature avec toute fa fuite ; les connoiffeurs du village nous conduifirent : munis de briquets , de falots , de torches , de bougies , de thermomètre , &c. , nous partîmes du Château de Valon pour les grottes.

On emploie une heure à ce trajet, & l'on arrive au pied de la montagne vers

le fommet de laquelle fe trouve l'entrée des grottes : on y parvient
avec beaucoup de difficulté & de peine
à caufe de la rapidité du penchant ;
mais lorfqu'on eft arrivé à l'entrée des
grottes fituée à près de cinquante toifes
au-deffus du niveau de la rivière ou de
la bafe de la montagne , on obferve
au-deffus de l'entrée une roche coupée
à pic ; c'eft l'énorme carrière horizontale de pierre calcaire grisâtre qui fert
de toit à la grotte fouterraine , dans
laquelle nous pénétrâmes de cette forte.

Couchés fur le ventre , nous nous y
introduisîmes d'abord avec quelque
difficulté , à caufe du paffage étroit. On
nous dit même qu'une Dame Valonoife
de beaucoup d'embonpoint , ayant
voulu y entrer , s'étoit tellement em-
barraffée , qu'il avoit fallu enlever des
pierrailles pour la délivrer , ce qui
nous facilita beaucoup le paffage : nous
rampâmes néanmoins l'efpace de quelques toifes.

L'ouverture étroite s'aggrandit enfuite tout-à-coup : un majeftueux cor-

ridor s'offrit à nos regards ; nous éclai-
râmes les bougies , & nous jugeâmes
qu'il s'étendoit à perte de vue.

151. Mille efpèces d'infectes avoient
choifi ce veftibule pour y paffer le refte
de l'automne & l'hiver ; on fait qu'il eft
plufieurs familles de ces animaux , qui
viennent jouir de la chaleur bénigne de
la terre pendant les frimats.

Nous obfervâmes des chauves-fouris
engourdies , fufpendues fur leurs petites
griffes ; & nos conducteurs nous aver-
tirent de prendre garde aux ferpens
qui viennent en foule paffer l'hiver
dans ces lieux.

Il faut remarquer , au refte , que tous
ces animaux fixent leur demeure vers la
porte des concavités ; on ne les trouve
jamais à des profondeurs totalement
privées de lumière.

Après avoir fait quelques pas dans
les grottes, nous obfervâmes de loin
plufieurs ftalactites gigantefque en forme
de pyramides , qui nous parurent fuir au
loin dans ces lieux obfcurs. Quelques-
uns crurent appercevoir alors une

O 3

fuite de fantômes , illufion nocturne
qui provenoit de ce que ces ftalactites
éclairées , placées entre les yeux de
l'obfervateur & un lointain ténébreux ,
n'avoient dans leur voifinage aucun autre
corps éclairé , pour que l'efprit pût les
comparer & juger de leur grandeur &
de leur nature : de là ces images fantaf-
tiques créées par l'imagination dans une
pareille circonftance. Auffi ne fus-je
point furpris d'apprendre que les fem-
mes du village & même des hommes
peureux ou pufillanimes étoient fouvent épouvantés des objets illufoires &
inopinés qui s'offrent dans ces fouterrains.

Je ne pus m'empêcher d'obferver ,
à cette occafion , combien les jugemens
de l'ame dépendent en pareil cas du
caractère particulier de l'obfervateur :
à peine reconnut-on que ce n'étoit là
qu'une fuite de ftalactites , qu'un chacun rendit compte de la fenfation particulière qu'il avoit éprouvée. M. le
Comte de la Gorce , brave Officier &
phyficien éclairé , en avoit porté un

jugement folide : un bon villageois nous avoua qu'il avoit cru voir des diables , l'un des domeftiques crut appercevoir un Jacobin , un bon dévôt enfin crut reconnoître des revenans.

Ce beau corridor d'une largeur variée depuis dix jufqu'à trente pas, fe fubdivife en plufieurs autres petites avenues latérales. La plupart font creufées en pente, & vont aboutir à des tribunes fupérieures femblables aux chaires des Eglifes.

152. Ces allées font ornées d'une tapifferie de ftalactites les plus blanches, fculptées la plupart en relief , & remarquables par leurs formes fingulières , qui donnent à l'imagination mille objets divers dont elles femblent porter l'empreinte.

En nous enfonçant toujours dans cet antre fpacieux & longitudinal , nous trouvâmes les revenans & les diables qu'on avoit vus de loin. C'étoit un amufement bien fingulier de voir nos gens revenir de leurs erreurs les uns après les autres ; je les obfervai palper avec un certain contentement ces diables & ces revenans, rectifiant par le toucher leur jugement antérieur, tandis que M. le Comte de la Gorce en examinoit les dimensions pour les faire transporter dans son cabinet.

153. Ces stalactites pyramidales méritent réellement une place distinguée parmi les plus magnifiques productions de la Nature ; elles ont plus de six pieds d'élévation sur quatre à cinq de diamètre pris sur la base. Les unes & les autres ont une stalactite correspondante suspendue à la voûte, de manière que leurs aiguilles pointent l'une contre l'autre.

154. D'autres fois une colonne de la hauteur de la grotte est attachée à la voûte & au sol, ne faisant qu'une seule masse, offrant des petites colonnes secondaires juxtaposées, comme les pilliers des Eglises gothiques.

155. Souvent la partie inférieure de ces colonnes finit en une pente qui s'élargit considérablement, formant

tout à l'entour un plan incliné. La matière fpathique s'étend alors en forme
de nappe d'eau agitée de quelques
petites ondulations.

156. Mais j'admirai davantage des
ftalactites ramifiées partant d'un tronc
commun. D'autres attachées à un petit
pédicule repréfentoient des efpèces
de melons gigantefques qui fembloient
menacer la tête des obfervateurs.

Quelques ftalactites creufes étoient
fufpendues aux voûtes , & laiffoient
fuinter de leur centre quelques goutes
d'eau la plus limpide , qui n'ayant pas
eu encore le temps de fe convertir en
ftalactite inférieure & correfpondante ,
formoit fur le fol des petits creux , &
découvroit des amas de cailloux roulés. J'en obfervai de bafaltiques , de
calcaires & de graniteux , comme je
l'ai dit (88.)

158. Or , toutes ces ftalactites depuis (153) jufqu'à (157) , formées de
la même matière , ne diffèrent entre elles
que par leurs formes , & ces formes
dépendent de la manière dont fe font

difpofées les molécules fpathiques, principes de ces congélations diverfes.

L'*appofition* & l'*intromiffion*, phéno-mènes qui accompagnent la formation des animaux, des végétaux & des mi-néraux, expliquent auffi celle des ftalac-tites & de toutes leurs variétés.

159. En effet, lorfqu'il fuinte quel-ques goutes d'eau à travers les roches calcaires du toit d'une grotte, ce fluide a acquis toute la limpidité pôffible ; c'eft une eau filtrée qui contient, en diffolution, une certaine quantité de fpath le plus pur & le plus divifé, d'où réfulte la criftallifation.

160. Si cette eau eft immobile, fi elle eft renfermée dans un filon fans iffue, elle produit des criftaux fpathiques par la fimple *appofition* d'une molécule à côté de l'autre.

161. Si cette eau tombe, au contraire, dans une concavité confidérable après avoir été filtrée, il en réfulte alors une fimple *appofition*, ou une *intromiffion* réciproque.

162. L'*appofition* a lieu toutes les

fois que l'eau fpathique coule tout le long de la muraille de la voûte ; alors une première couche fe criftallife , & devient la bafe d'une feconde , & ainfi de fuite. La multiplicité d'*appofitions* forme enfin une véritable tapifferie de fpath ; & les crues graduées du fluide , qui ne coule jamais d'une manière uniforme , produifent des finuofités , des enfoncemens , & toutes les parties qui avancent & qui repréfentent , par leurs formes bizarres , tout ce qui plaît à l'imagination. Nous les avons décrites (152).

163. Ainfi fe forment encore les ftalactites coniques , creufes ou femblables à des cure-dents. Une goute primordiale , bien arrondie , pofe les premiers fondemens de l'édifice , & prend racine dans la roche fupérieure : les bords de la goute commencent à fe criftallifer par l'approximation réciproque des molécules fpathiques : une efpèce de géode ronde remplie d'eau en forme ainfi d'abord toute l'économie ; mais un furcroît de nouvelles eaux fait éclater la

portion inférieure de la fphère criftal-
lifée : alors ce nouveau petit globe
devient un cilindre prefque capillaire ;
l'eau qui fe foutient dans ce tube l'al-
longe toujours par *appofition* ; de là
la formation des ftalactites à tuyau.

164. D'autres fois la fphère criftal-
lifée crève, par la compreffion de l'eau,
dans un autre fens. Alors les *appofitions*
réciproques fe font dans un autre lieu,
& forment une ftalactite à plufieurs
branches (156).

165. Mais tandis que la ftalactite,
attachée en forme de cul-de-lampe à
la voûte fupérieure, laiffe couler le fu-
perflu de la criftallifation, ce refte
tombe fur le fol de la grotte ; là il commence à s'aglutiner avec le fol fondamental : des *appofitions* mutuelles faites
de bas en haut, en élèvent la maffe,
& il s'établit ainfi les premiers fondemens de ces belles pyramides faillantes.

166. D'autres voûtes fpathiques viennent, dans la fuite, s'appofer fur les
précédentes ; la fuperpofition aggrandit

la pyramide inférieure dont la pointe est située vis-à-vis celle de la stalactite supérieure opposée.

167. Enfin , par la succeffion des temps & par la multiplicité des *appofitions* , les deux pointes fe réuniffent. Alors le fluide changeant de direction , appofe latéralement les couches , & les divers filets forment les fillons longitudinaux de la colonne , dont les deux extrémités font enracinées dans la voûte & dans le fol de la grotte. Nous avons décrit ces colonnes (154 & 155).

Ainfi fe forment la plupart des parties folides des êtres organifés , comme l'ont démontré M. Duhamel & M. de Fougeroux de Bondaroy , l'un & l'autre de l'Académie des Sciences.

168. Le Méchanifme de l'*intromiffion* n'eft pas moins réel : étant plus compliqué il réfulte auffi , de fes opérations, des formes dans la stalactite , qui donnent , en quelque forte , des apparences extérieures d'un être organifé : elles n'en font néanmoins qu'une image la plus incomplette , puifque l'être organifé

contient dans lui-même une force active
qui, quoique purement méchanique,
pousse la liqueur nutritive dans les vaisseaux d'où résultent les phénomènes
de l'accroissement.

Par exemple, dans le poulet contenu encore dans l'œuf, il existe des
vaisseaux divers. Les forces animales
qui déterminent, par la voie de l'*intusus-*
ception ou de l'*intromission*, les molécules nutritives à pénétrer dans les
vaisseaux internes, résident dans cet
être organique, comme organique ;
tandis que dans la pierre stalactite l'*in-*
tromission dont nous allons parler n'est
que le résultat des mouvemens les plus
simples & les plus ordinaires de la
matière.

169. En effet, lorsque plusieurs véhi-
cules ou plusieurs petits canaux sont
voisins, la filtration du fluide spathique
à travers la roche supérieure, se fait
dans le même temps, & dans le même
sens, quoiqu'à travers plusieurs espaces.
Alors plusieurs parties concourent ensemble à former un seul *tout*, qui dé-

pendant de plufieurs caufes femblables,
doit offrir des réfultats qui portent
l'empreinte de l'unité d'action, de la
multiplicité des caufes productrices, &
de leur correfpondance.

Dans ces cas la roche calcaire eft un
vrai crible qui laiffe paffer enfemble,
dans un petit efpace, plufieurs filets
d'eau criftallifable ; ces filets en fe crif-
tallifant fe refferrent mutuellement,
tandis que de nouvelles eaux font
effort contre la première couche crif-
tallifés ; & dans ce cas il fe fait néceffairement de nouvelles iffues, & par conféquent de nouvelles agrégations.

Alors le fluide criftallifable faifant effort contre les parties internes
du corps criftallifé, pouffe en tous fens
de nouveaux filets, & il fe forme de
part & d'autre des canaux dont il fuit les
finuofités. Les intromiffions fe multiplient enfuite, & il en réfulte un corps
qui affecte une forte d'organifation,
parce que le fluide criftallifable jouit
d'une efpèce de circulation dans des
routes diverfes dont les directions varient.

170. Le thermomètre de Réaumur étoit au-deſſus du tempéré en entrant dans la grotte : il s'y ſoutint d'abord quelque temps ; mais il ſe fixa enſuite au tempéré où il s'arrêta demi-heure.

171. Arrivés au centre de la grotte ſitué à bien près d'un demi-quart de lieue de l'entrée , le thermomètre monta une ligne & demi au-deſſus du tempéré.

172. Craignant que la chaleur naturelle de celui qui le portoit ne fût la cauſe de cette ſingulière augmentation de chaleur au-deſſus de la température ordinaire des ſouterrains , je pris le thermomètre & je le plongai dans un petit baſſin d'eau de la grotte qui , ſans erreur , pouvoit donner dans l'inſtant le degré de température des grottes ; mais l'eſprit-de-vin ſe ſoutint toujours au même degré.

173. Avant d'arriver à l'iſſue des grottes , la liqueur du thermomètre paſſa au même degré où elle ſe fixe dans les caves de l'obſervatoire de Paris.

Mais un demi-quart d'heure après être ſortis des grottes , la liqueur du

thermomètre

thermomètre s'étoit rendue au degré où elle étoit avant d'y entrer, c'est-à-dire, à deux degrès de chaleur au-deſſus de la température des caves de l'obſervatoire de Paris.

174. Il paroît par ces expériences, 1°. que l'air atmoſphèrique étoit plus chaud que celui de la grotte.

175. II°. Que cette température de l'intérieur des grottes étoit égale à celle des caves de l'obſervatoire & de tous les ſouterrains conſidérables.

176. III°. Que celle des plus grandes profondeurs étoit encore plus chaude. Il ſemble donc que ſi cette obſervation étoit confirmée dans pluſieurs ſouterrains, on ne pourroit point ſe refuſer de croire que la plus grande profondeur emporte avec elle une plus grande chaleur; & ces remarques pourroient ſervir à déterminer les degrés divers de la chaleur ſouterraine de la terre.

177. Il eſt d'autres phénomènes relatifs au corps de l'homme, que nous ne devons point paſſer ſous ſilence. En

Tome I. P

entrant dans les grottes , le thermomètre m'annonça que leur température
étoit plus froide que celle de la cam-
pagne. Il paroît donc que nous devions
nous enrhumer, puifque en entrant dans
ces concavités nous étions tous dégoû-
tans de fueur ; l'embarras & le poids
de nos parapluies , la rapidité de la
montagne , le chemin que nous avions
fait depuis Valon jufqu'à ces grottes ,
nous avoient jetés dans un état de laffi-
tude réelle. Il arriva néanmoins que
perfonne ne fut enrhumé , quoiqu'on
reconnoiffe en médecine que lorfque le
corps éprouvant un état de chaleur ,
paffe dans un état de froid fubit , la
fufpenfion de la tranfpiration lui occafionne ordinairement l'une des trois
fortes de rhumes.

178. Mais il faut obferver ici que
tous les fouterrains , quelque froids
qu'ils foient , font des lieux privilégiés
lorfque l'air qui s'y trouve n'eft point
en mouvement.

En effet , il eft avéré , ainfi que je
l'établirai plus au long dans la Géogra-

phie médicale du Vivarais, que le corps humain (dans lequel se trouve un foyer de chaleur beaucoup plus confidérable que celle de l'atmofphère) étant engagé dans un courant d'air, éprouve une perte étonnante de fa chaleur naturelle ; obfervation qu'on peut démontrer par des faits les plus ordinaires.

Le mouvement d'un éventail qui fouette l'air ne refroidit point cet élément : l'air que l'éventail détermine vers le vifage donne néanmoins quelques fenfations d'une plus grande fraîcheur, & cette apparence de contradiction difparoît, lorfqu'on fait attention que la diminution de chaleur eft dans le vifage & non point dans l'air agité : l'application d'un fluide fouvent renouvellé & toujours plus froid que les mufcles du vifage, emporte ainfi une plus grande quantité de fa chaleur ; il doit donc éprouver néceffairement une fenfation de rafraîchiffement en la perdant.

179. Le même phénomène s'obferve dans l'atmofphère terreftre relativement à tout le corps : il eft inconteftable qu'il

perd une plus grande partie de fa chaleur interne dans une atmofphère
agitée, que lorfqu'il fe trouve dans un
lieu où l'air eft concentré & immobile,
comme dans les grottes de Valon. Ne
foyons point étonnés qu'on n'encoure
aucun rifque de la fuppreffion de la
tranfpiration dans ces grottes, quoique l'air ambiant foit plus froid, parce
que cette fuppreffion étant l'effet d'une
déperdition fubite de chaleur faifie par
un fluide très-froid & fouvent renou-
velé, elle ne peut avoir lieu lorfque
ce fluide eft ftagnant. Par la même raifon
l'eau courante paroît-elle beaucoup plus
froide lorfqu'on prend des bains au milieu de la rivière, que lorfqu'on les
prend vers le rivage où l'eau eft prefque
immobile : dans ce cas le thermomètre
annonce de part & d'autre le même
degré de chaleur, les fenfations du froid
font pourtant différentes.

On juge à préfent combien font
intéreffantes les grottes de Valon, qui
nous ont offert tant de phénomènes
divers, des animaux engourdis, des

illufions d'optique ; des remarques fur la température du globe, des ftalactites ; des vues fur la chaleur relative du corps humain : ce font là autant d'objets qui paroîtront à plufieurs fort étrangers à la minéralogie du Vivarais ; mais les vérités phyfiques étant toutes liées enfemble, je fuis convaincu que le Minéralogifte qui voyage doit non-feulement obferver des pierres & des mines, mais encore les faits de la Nature de quelque efpèce qu'ils foient.

On trouve en Vivarais un grand nombre de concavités femblables ; mais celles de Valon font les plus curieufes : il y en a vers Mercuer, à Vogué, à Chaumeyras, à Virac près Vagnas, à BourgSaint-Andéol, à Viviers, &c.; elles offrent quelques phénomènes analogues à ceux que nous avons décrits ci-deffus. Nous ne parlerons donc que des concavités dont les toits font granitiques, parce qu'ils offrent des phénomènes d'un autre ordre que nous ne devons point paffer fous filence.

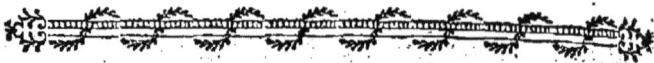

CHAPITRE IV.

Description d'une source d'eau pétri-
fiante. De la tendance de la ma-
tière calcaire à la cristallisation, même
après avoir été calcinée. Théorie du
ciment : sa division en trois espèces.
Du ciment des Romains observé dans
quelques - uns de leurs monumens en
Vivarais.

180. IL existe dans les environs de
Vinezac, au terroir du Mas, un petit
ruisseau qui a la vertu d'aglutiner les
substances qu'il mouille de ses eaux.

181. On voit près de ce ruisseau
une fontaine qui coule du pied d'une
montagne, & qui se jettant dans le
ravin détruit cette qualité pétrifiante
en dissolvant les molécules lapidifiques. Cette fontaine s'appelle *Font-*
froide, à cause de sa grande fraîcheur:
elle est assez abondante, & prend sa
source dans un bassin, sans doute très-

profond, puifque, félon toutes les obfervations faites fur les eaux de nos
fontaines, il n'y a que celles qui viennent des lieux les plus profonds qui
aient cette conftante température.

La pureté de fes eaux fuffit donc
pour diffoudre les fucs lapidifiques répandus dans celles du ruiffeau : elle enlève même le gluten des petits cailloux roulés de nature calcaire mêlés
avec quelques grains de fable que le
fuc avoit pénétrés & aglutinés auparavant.

Ainfi fe forment les efpèces de poudingues qu'on obferve dans prefque tous
les ruiffeaux ou rivières qui promènent
leurs eaux fur un fol de nature calcaire, ce qu'on ne voit que rarement
dans les rivières ou ruiffeaux qui ont
leur lit dans des terres vitrifiables.

182. Ce n'eft pas à Vinezac exclufivement qu'on voit de femblables eaux
pétrifiantes. Tous nos petits ruiffeaux
en général dont la fource & le cours
fe trouvent dans des régions calcaires,
ont une femblable force pétrifiante

P 4

plus ou moins confidérable, qui difparoît totalement dans les ruiffeaux
ou dans les rivières qui ont pris leur
fource vers le fommet de nos montagnes vitrifiables.

183. L'analogie des matières nous
engage à placer ici nos vues fur la
caufe de la confolidation de la chaux,
qui s'opère par ce même méchanifme, à quelques différences près.

La matière calcaire qui contient des
principes gazeux, & une grande quantité d'eau dans fa fubftance, perd ces
deux fluides par l'action du feu qui,
pénétrant toute fa maffe, volatilife
fes parties conftituantes les plus légères, tandis que la matière calcinée réfifte feule à fon activité.

184. La chaux eft alors dans un
état de caufticité ; elle appète tous les
fluides quelconques, elle les faifit avidement, & les introduit avec une telle
force entre fes molécules conftituantes
vides d'eau & d'air gazeux, qu'il en
réfulte une chaleur & un bruit très-
fenfibles.

Or, cette force attractive qui ré-
fide dans ces molécules calcinées, ne
s'exerce pas uniquement fur les fluides, mais encore fur d'autres corps
folides, pourvu que l'eau ou tout autre fluide divifant les molécules de la
chaux calcinée, leur permette de fe
choifir des furfaces correfpondantes avec
lefquelles elles s'uniffent d'une manière
la plus intime.

185. Les degrés divers de la tenacité de la chaux paroiffent même réfulter des différentes manières dont fes molécules adhèrent avec les fables ; elles
expliquent pourquoi fon mélange avec
des matières volcanifées & pouzolani-
ques, avec des fables vitreux, avec des
fables calcaires &c., donnent des cimens de plufieurs degrés de dureté :
mais avant d'en venir à l'explication
de ces divers degrés de confiftance,
je dois rendre compte des remarques
que j'ai faites à ce fujet fur de vieux
cimens de diverfe qualité.

186. Les zones de nature calcaire
& vitrifiable que nous avons en

Vivarais, préfentent divers fables, &
par conféquent différentes modifica-
tions dans le ciment dont on fe fert
pour bâtir ; & quoique cette fubftance
foit plutôt l'ouvrage de l'homme qui la
prépare , la nature lui en fournit néanmoins la bafe. Nous ne devons donc
point paffer fous filence les vues que
nous offre cet ouvrage de la nature
& de l'homme tout enfemble. Nous
diftinguerons auffi plufieurs fortes de
cimens , d'après la nature des fables
employés.

La première efpèce de ciment eft
celle dont le fable eft vitrefcible ; elle
mérite toute l'attention des artiftes :
tel eft le ciment dont on fe fert à
l'Argentière , par exemple , & dont le
fable tiré de la rivière de la Ligne ,
ne préfente que des détritus des roches quartzeufes.

Or , ce fable vitriforme s'aglutine fi
bien avec la chaux & avec les pierres à bâtir qui font de nature granitique , qu'il exifte des monumens dont
le ciment paroît changé en un vérita-

ble granit , & faire un feul & même corps le plus uni & le plus compacte avec les pierres granitiques dont il forme la liaifon. Le château de l'Argentière , par exemple , bâti dès le treizième fiècle au plus tard , & l'Eglife de cette même ville , conftruite à peu près vers les mêmes temps , préfentent un ciment de la dureté des cailloux , qui réfifte à toutes les variations de l'atmofphère. Les ruines de l'ancien *caftrum de Fanjaux* qui , felon le fyftême des Bénédictins auteurs de l'hiftoire du Languedoc , fut jadis une ville ou un bourg fitué fur une montagne au deffus de l'Argentière , laiffent appercevoir encore un ciment à découvert , que , ni les plus fortes gelées , ni les grandes chaleurs , ni les agens deftructeurs des pierres les plus dures n'ont point encore altéré ; tandis qu'ils détériorent le bafalte même qui eft la plus compacte & la plus homogène des fubftances. Les mafures du couvent des Cordeliers bâti avant 1400 , ruiné dans le feizième fiècle ,

expofées à toutes les injures des temps, offrent encore un ciment prefque in-deftructible ; & toutes les obfervations que j'ai faites à ce fujet, m'ont ainfi convaincu que le ciment fait de ma-tières vitrefcibles , & bien combiné d'ailleurs felon les règles de l'art, triomphe des temps & des variations de l'atmofphère.

La feconde efpèce de ciment eft celle qui fe fait avec du fable de nature calcaire : tel eft celui de Bourg-Saint-Andéol où l'on fe fert d'un fable fin des bords du Rhône qui parcourt des contrées dont le fol eft de nature cal-caire , & où il y a fort peu de ma-tières vitrefcibles mêlées : pour s'en convaincre, on n'a qu'à jeter par terre fur ce fable une goutte d'acide ni-treux ; tout de fuite on le voit fe faifir avidement de la liqueur, & faire effervefcence.

188. Auffi le ciment change bien de nature dans ces contrées : le plus dur & le plus compacte fe laiffe en-tamer par la pointe d'un couteau : tel

encore le ciment fait à Avignon, qui est formé de sable calcaire ; aussi des pointes de cloux pénètrent sans beaucoup de peine dans sa substance, quelque bien fait qu'il soit.

189. La troisième espèce de ciment est celle qui se fait avec des matières brûlées , comme les briques pilées , les pouzolanes , le bazalte trituré : on s'en sert pour construire des édifices dans l'eau ; & la solidité de ce ci-ment , lorsqu'il est bien fait , surpasse encore celle des cimens composés de sables vitrescibles.

Voilà trois espèces de cimens dont la ténacité varie suivant le sable ou le moellon employés.

190. On conçoit en effet , par la seule exposition des phénomènes de la calcination , dont nous avons parlé ci-dessus (183) , que des sables calcai-res employés dans le ciment ne peu-vent devenir de soutiens aussi iné-branlables des cristallisations seconde-res de la chaux , à cause des substan-ces étrangères que contiennent ces sa-

bles de nature calcaire, & qui, dès le moment de leur mélange avec la chaux & l'eau, devenant des points d'appui de la folidité future, ne peuvent être que des fondemens ruineux, parce qu'ils ont befoin eux-mêmes d'une plus grande dureté pour foutenir les efpaces.

La divifion extrême de ces fables calcaires permet d'ailleurs aifément à l'action cauftique de la chaux d'enlever une partie de l'eau fixée dans leur fubftance, & peut-être même une partie de l'air gazeux. Or, ces féparations inteftines dérangent l'acte de la criftallifation, qui s'opère dès le moment que le ciment commence à fe durcir. De forte que la théorie & l'obfervation montrent que le ciment fait de fables fimplement calcaires, n'eft pas auffi folide que celui dont les fables font vitrefcibles. Auffi les Romains artiftes immortels fubftituèrent-ils les briques pilées aux fables calcaires, lorfqu'ils voulurent élever des monumens inébranlables, comme je l'ai obfervé dans plufieurs édifices de la France méridionale, où il ne fe trouve point de fable calcaire.

190. Les briques pulvérifées, quoique provenues d'une fubftance calcaire primitive, ont perdu par l'action du feu leur gaz & leur eau fixe. Les molécules calcinées de la chaux peuvent donc s'unir à ces briques, fans qu'il réfulte de leur action réciproque aucun déchet, ni aucune féparation de fluide, qui dérangeroit leur intime copulation.

Il en eft de même des fables quartzeux, matière la plus fimple, la plus homogène & la plus dure qu'on puiffe employer dans la compofition du ciment, puifqu'elle n'eft point dans le cas d'éprouver une décompofition dans fes principes lorfque les molécules de chaux calcinée fe joignent à elle, & agiffent, par leur caufticité, avec la plus grande violence: *Voyez ci-devant* (183 & 184.)

Or, cette fubftance tient cette propriété particulière de la dureté fupérieure , & de la fimplicité de fes parties , puifque le quartz, de l'aveu des Naturaliftes & des Chymiftes , eft de toutes les fubftances connues la plus compacte , la plus fimple & la moins propre , par conféquent , à s'altérer par l'action des cauftiques.

De toutes ces obfervations il fuit donc , 1°. que des fables purement calcaires font moins bons dans la compofition du ciment : 2°. que les fables de la Seine , du Rhône , de la Loire , &c. , qui font un vrai détritus des montagnes granitiques & calcaires, font beaucoup meilleurs à caufe de la portion de fable quartzeux qui s'y trouve : 3°. que les fables quartzeux l'emportent en bonté fur tous les précédens : 4°. que les briques pilées & les pouzolanes , fur-tout dans les conftructions fous l'eau , font les meilleurs ingrédiens qu'il foit poffible d'employer pour la compofition du ciment.

191. J'ai reconnu dans les mafures d'*Alba Helviorum* ancienne capitale du Vivarais & cité de l'Empire , que

les

les Romains diftinguoient ces trois fortes de fables dans la compofition du
mortier. *Alba Helviorum* eft fitué dans
des terres calcaires. Le moellon & le
fable granitique que j'ai trouvés dans
le ciment de fes ruines , & dont je
conferve des échantillons , démontrent
donc que les Romains fe fervoient des
fables de l'Ardèche qui eft à trois
lieues de là , & qui font granitiques;
& lorfqu'ils ne pouvoient employer
les mêmes matériaux à caufe de l'éloignement , ils fe fervoient de briques
pilées , qui décèlent encore aujour-
d'hui leur origine calcaire par des fpaths
non calcinés qu'ils renferment , comme
je l'ai obfervé encore dans des échantillons de ciment au cabinet du favant
Secrétaire de l'Académie de Nifmes.
Au refte , je renvoie au chapitre
de la pouzolane confidérée comme
produit des volcans , la théorie du
ciment dans lequel elle eft employée ,
& j'avertis le Lecteur que , dans la
théorie précédente , j'ai fuppofé une
bonne pierre à chaux ; car il en eft

Tome I.   Q

dont la carrière eſt ſi impure & ſi peu compacte, que toutes les règles de l'art n'en ſauroient compoſer un bon ciment.

La pierre calcaire de Vinezac eſt la meilleure pierre à chaux que je connoiſſe. Je ſuis perſuadé qu'elle a fourni le ciment des beaux édifices conſtruits avec des matériaux granitiques (186), puiſque ſes carrières en ſont les plus voiſines.

On trouve encore dans les environs de Pranles une chaux exquiſe pour bâtir ſous l'eau.

Dans le Haut-Vivarais, enfin, où les montagnes ſont toutes granitiques, on va à la pêche des cailloux calcaires, pour me ſervir de l'expreſſion des ouvriers. Le Rhône qui paſſe à travers ces roches quartzeuſes du Vivarais & du Dauphiné, les entraîne d'un pays plus élevé; les crues de ce fleuve ſont la moiſſon de ces ſortes de pêcheurs; & le Naturaliſte qui obſerve tous ces faits ſur les lieux, conclut, malgré tant de ſyſtêmes contraires écrits.

à Paris dans des cabinets, que les roches granitiques ne font pas toujours les plus élevées. Le Rhône qui prend fa fource dans un pays granitique au mont Saint-Godard en Suiffe, qui paffe à Lyon dans un pays calcaire, qui traverfe enfuite à Vienne des roches granitiques où l'on pêche ces cailloux calcaires, qui paffe enfin en Vivarais dans un fol calcaire, démontre cette vérité. Je laiffe ces faits à méditer à tous les partifans du fyftême des montagnes granitiques qu'on a appelées primitives.

CHAPITRE V.

Variétés des matières calcaires du Vivarais. Les Marbres. Pierres calcaires secondaires. Pierre blanche tendre. Poudingues - marbres. Marnes & Crayes. Plâtre. Tuf. Ardoises calcaires. Superposition comparée de ces carrières.

LES MARBRES.

192. LEs marbres sont susceptibles d'un beau poli. C'est là le caractère principal qui les distingue des autres pierres calcaires. Ceux du Vivarais ne sont point aussi variés que ceux d'Italie ; mais aussi nos principales montagnes calcaires en sont toutes composées. Crussol, Vogué, Samzon, les montagnes de Saint-Remèze, Gras, Lescrinet, &c., sont avoisinés ou situés sur des montagnes de cette nature ; il ne nous manque que de bons ouvriers pour travailler ces matières.

193. Les corps marins foffiles contenus dans ces carrières diverfes font fi bien aglutinés avec leur gangue, qu'ils ne font enfemble qu'un feul & même corps : on obferve tantôt des antroques à articulations emboîtées les unes dans les autres, tantôt des ammonites qui ont depuis deux pieds jufqu'à deux lignes de diamètre : quelquefois on y obferve des bélemnites & autres foffiles réunis ; mais je n'ai jamais trouvé dans ces marbres des foffiles dont les familles autrefois vivantes fe foient confervées jufqu'à nos jours ; toutes mes recherches, à ce fujet, ont été infructueufes. Quand je parle des marbres du Vivarais, je n'entends point défigner des marbres femblables à ceux d'Italie, fans félure ni divifion ; j'entends par marbre une matière calcaire quelconque, fufceptible, par fa qualité compacte, de recevoir le poli ; & dans cette claffe je comprends un très-grand nombre de carrières qui font divifées fouvent en mille fens divers, perfuadé que ce

Q 3

qui conftitue la véritable matière calcaire primordiale, eft la nature de
fes principes, & non point fes divifions & fes fentes qui, quelque multipliées qu'elles puiffent être, dépendent de caufes fecondaires.

194. L'exiftence antérieure à toutes
les autres carrières, que j'attribue aux
marbres, eft prouvée, premièrement,
par les pétrifications particulières qu'ils
contiennent, & dont l'organifation &
les formes font très - différentes de
celles des coquillages inclus dans les
efpèces de carrières calcaires plus récentes, & qui diffèrent beaucoup des
coquillages vivans actuellement dans
la mer.

Cette exiftence antérieure eft prouvée encore par la pofition de ces roches au deffous de toutes les autres
carrières calcaires. On ne voit jamais
au deffous de ces marbres des poudingues, ni des roches formées par des
fables aglutinés, ni des bancs de cailloux roulés, ni des marnes, ni des
pierres calcaires appelées *pierres blan-*

ches , ni des ardoifes , ni enfin aucune trace de végétaux quelconques , qui fervent de fondement à ces marbres primitifs.

195. Cette grande bande n'eft pofée au contraire que fur des marbres pourris qui , quoique de même natu-re , diffèrent cependant en ce qu'ils font moins compactes dans l'intérieur de la roche , comme je l'ai obfervé dans les environs de Gras , de Samzon , &c. Ces marbres font fitués encore fur des terres glaifes , calcaires , faifant effervefcence avec les acides , difpofées en couches , & plus dégénérées encore que les précédentes : de forte que le fyftême de fuperpofition des couches de ces montagnes à marbres grifâtres , n'eft jamais que felon ce fens , à commencer inférieurement.

1°. Roches de marbre fe tranfmuant en glaifes , fouvent farcies de pétrifications , difpofées en couches ou horizontales ou inclinées.

2°. Couches de terre glaife veinée , &c. , faifant effervefcence avec les acides. Q 4

3°. Bancs de marbres grisâtres.

Or, ces différentes couches se mê-
lent souvent plusieurs fois, & font
posées les unes sur les autres sans
aucune règle; mais le sommet des montagnes à marbre est ordinairement le
mieux conservé. Au reste, les marbres
dont nous venons de parler donnent la
meilleure chaux de toute la Province.

PIERRE CALCAIRE SECONDAIRE.

196. Après les marbres viennent des
roches *secondaires* moins compactes & de
couleur grisâtre. Celles-ci font toujours
posées fur les précédentes qui, dans le
règne calcaire, font les primordiales :
elles en diffèrent en ce qu'elles font
plus tendres, partagées par un plus
grand nombre de filons spathiques la plupart caverneux, & qu'elles contiennent
des animaux marins pétrifiés dont les
semblables vivent encore, mêlés avec
d'autres animaux fossiles dont les espèces ont disparu.

Telles font les roches qui font fous

l'Airette à Aubenas; elles renferment des bélemnites, des ammonites à vertèbres, à feuillage, à tubercules ronds, des antroques, des gryphytes mêlés avec des peignes, des huîtres, des oursins, des tubulaires, &c.

Telles encore celles que j'ai óbservées dans le voisinage de Villeneuve-de-Berc en 1777, celles qui dominent depuis le chemin des Bulliens jusqu'à Uzer & au delà, & un grand nombre d'autres carrières de même nature & de même date, qu'on trouve dans notre Province.

C'est sur une roche semblable que les Gaulois gravèrent en relief l'autel du Dieu Mitras (*), auprès de Bourg-Saint-

_____

(*) Mitras est une Divinité Persanne adoptée par les Romains qui avoient la politique d'admettre le culte religieux des peuples qu'ils soumettoient, pour conserver la paix dans la république.

Les Gaulois domptés par les Romains adoptèrent bientôt leurs Divinités, & les Helviens reconnurent, parmi plusieurs autres

Andeol, l'un des plus remarquables monumens des Gaulois.

LA PIERRE BLANCHE TENDRE.

197. La pierre blanche calcaire, tendre, sujette à noircir par l'action du vent du nord, se trouve seulement dans des endroits enfoncés du Bas-

---

Dieux factices, le Dieu Mitras qu'on croyoit présider à la propagation des animaux & des végétaux.

De là les attributs analogues à la force génératrice des êtres, dont on embellit ses Autels. Ses Temples étoient situés auprès des sources vives qui font un des agens principaux de la végétation ; & ses Prêtres célébroient ses mystères dans des concavités, cachant ainsi leur supercherie, & tenant à l'écart des conseils pour séduire le peuple dont ils vouloient féconder les terres.

Mitras ne pouvoit trouver un lieu plus favorable pour être honoré. Son Temple dont on voit les restes & le toit creusés dans le roc vif, fut placé entre deux fontaines ou plutôt deux gouffres d'eau très-profonds.

Vivarais, le long du Rhône. Cette pierre fut employée à la conſtruction du pont de Saint-Eſprit, l'un des plus beaux & des plus grands qui exiſtent en France ; il a ſes fondemens ſur un terrain où le Rhône eſt extrêmement rapide. On ſe ſert encore de cette pierre pour bâtir de belles maiſons ; elle prend toutes ſortes de formes ſous l'inſtrument du ſculpteur ; mais vingt-cinq ans d'expoſition à l'air libre du nord, la rendent noire, excoriant les traits légers de l'ouvrier.

198. Cette pierre contient une grande quantité d'eau dans ſon ſein, qui ſe gèle très-aiſément pendant l'hiver, pulvériſant ainſi toute la ſurface gelée. Voilà la ſeule cauſe, je crois, de ſa deſtruction ; car elle ſuce très-abondamment l'eau des pluies, qui en ſort enſuite lorſque le vent du nord domine. On remédie en partie à ce défaut, en la ſaturant d'huile d'olive dans un temps ſec : cette huile pénètre en peu de temps dans la ſubſtance de la pier-

re , & fon incompatibilité avec l'eau en éloigne ce dernier élément.

199. Cette fubftance dont la pofi-tion eft peu élevée au deffus du ni-veau de la mer , règne à côté du cours du Rhône. Ce fleuve , de même que l'Ardèche & autres rivières du Vivarais , l'ont fouvent rongée en paf-fant à travers , & l'on trouve , à droite & à gauche de leur cours , des éléva-tions perpendiculaires en forme de remparts , qui décèlent l'organifation intérieure de ces roches.

200. Leur fituation eft ainfi très-différente de celle des mêmes carriè-res qu'on trouve au fond du baffin de la Seine , par exemple. On eft quel-quefois obligé , aux environs de Paris , de creufer des puits jufques à cent pieds de profondeur , pour la trouver; on peut aifément en obferver les cu-riofités , en parcourant les caves de l'obfervatoire creufées dans cette ro-che dont les pierres extraites ont été employées à ce magnifique monument de la grandeur de Louis XIV ; de

forte que la pofition de ces dernières carrières eft encore plus baffe que celle qui gît dans le fond du baffin du Rhône.

201. Des immenfes atterriffemens de foixante à cent pieds de haut, font fur la carrière de pierre blanche des environs de Paris : ces déblais ont été même entraînés fur ces bancs depuis l'exiftence de l'homme, puifqu'on a trouvé, en creufant des puits, des bois travaillés par les hommes ; ce qui fait croire que ces déblais, qui ne font qu'un affemblage des fubftances récentes, ont été remués & transférés par les courans des fleuves, tandis que les carriéres homogènes inférieures qui ne contiennent que quelques familles de coquilles pétrifiées, font l'ouvrage des eaux de la mer.

202. En Vivarais, dont le fol n'eft plus aujourd'hui le fond du baffin du Rhône, mais plutôt les parois latéraux de ce même baffin, les couches de cette pierre blanche calcaire, au lieu

de se montrer comme à Paris par leur surface supérieure, ne présentent que des surfaces latérales, & se trouvent dans les vallons, formant une couche toujours horizontale surmontée de terres, de cailloutages & de substances entraînées par le courant des eaux, dont l'ensemble est sans ordre & sans système.

203. Ces bancs de pierre calcaire blanche sont quelquefois posés sur des carrières fondamentales de marbre grisâtre : elles sont par conséquent de date postérieure. Jamais ce marbre n'est au dessus en forme de carrière.

204. L'état de conservation de toutes les substances fossiles, que contiennent les carrières blanches calcaires, est bien différent de celui des fossiles des marbres dont nous avons parlé dans le paragraphe (193), où les corps animaux étoient comme métamorphosés en marbre, ne conservant que le type ou la forme d'animal.

Ici tous ces fossiles sont au contraire très-bien conservés; les coquil-

lages qui étoient entiers & bien organifés avant la pétrification, peuvent
être féparés intactes de la pierre blanche calcaire ambiante, l'intérieur de
la plûpart des coquilles n'eft point rempli de fuc *lapidifié*, & celles qui étoient
légères, minces, déliées, fe brifent
très-facilement.

205. La carrière calcaire tendre des
environs de Bays en Vivarais, eft très-
homogène & très-blanche. Elle eft
pofée fur la pente inférieure des dernières montagnes calcaires qui viennent fe perdre vers le Rhône, & qui
font volcanifées dans les Hautes-Boutières & fur les monts Coiron.

206. De là, les cailloux bafaltiques
que j'ai trouvés dans le fein même de
cette pierre, & qui déterminent, par
là, la place qu'elle doit tenir dans les
faftes chronologiques des événemens
du globe. Je les ai obfervés ces cailloux dans la carrière même, & les
ouvriers qui les coupoient m'avouè-
rent la difficulté de traiter ces noyaux
qui font d'ailleurs affez rares dans ces
carrières.

On m'a affuré que cette pierre blanche fe trouvoit, mais en petite quantité, fous des poudingues du Rhône dans les environs de Rochemaure : je n'ai pu vérifier le fait, à caufe de la grande quantité de déblais fuperpofés ; mais j'ai cru reconnoître un femblable caillou bafaltique incrufté dans une pierre blanche, tendre, & femblable à celle de Baix : elle fut employée à la conftruction du degré principal du château de Joviac, appartenant à la Maifon d'Hillaire, qui donna plufieurs Militaires diftingués pendant nos guerres civiles, & même des Ecrivains à l'époque précife où le Vivarais, défolé par fes guerres de religion, étoit plongé encore dans un état d'ignorance & de barbarie. M. le Marquis de Joviac poffède une belle collection d'oifeaux empaillés, & des infcriptions romaines qu'il m'a laiffé copier, qui orneroient le *Mufeum Clementin.* Voyez ci-après, dans *l'Hiftoire ancienne de la nation Helviène,* l'article *des voies romaines.*

PIERRE

PIERRE MEULIERE CALCAIRE.

207. On trouve fous Lefcrinet en Vivarais une forte de pierre meulière qui n'eft qu'un amas de petits blocs de marbre fort durs, fufcepti-bles d'un beau poli, ftrictement at-tachés les uns aux autres par un glu-ten fpathique.

208. Il part, des vacuoles qui fe trouvent entre ces petites pierres réu-nies, des couleurs très - vives élan-cées par des criftaux fpathiques les plus purs & les plus tranfparens. La car-rière entière fort intéreffante eft fi-tuée fur un banc argileux ; le haut de la montagne qui eft de la nature du marbre, eft couronné enfin par les roches bafaltiques du Coiron.

LA MARNE, LA CRAIE ET LA PIERRE A FUSIL.

209. Nous avons très-peu de carriè-res de marne en Vivarais : j'ai vu

Tome I. R

pourtant cette fubftance en grands lits dans un vallon entre Saint-Martin & Bidon, au deffus du Pont-Saint-Efprit. Comme la formation de cette fubftance entre dans le plan de notre fyftême général, nous dirons quelque chofe ici, en peu de mots, de fa nature & de fes qualités, en la décrivant telle qu'elle nous a paru fur les lieux.

Cette marne eft une terre calcaire, compofée de plus ou moins de grains de fable vitrifiable, qui font ifolés dans la maffe totale : elle pourroit fervir à former des vafes en la pétriffant avec les argiles voifines. Ce mélange acquiert en paffant par le feu beaucoup de dureté, lorfqu'on a eu foin de le monder.

210. La carrière que j'ai obfervée en Vivarais préfente quelques noyaux de pierre à fufil très-compactes, qui ne font pas effervefcence avec les acides, & qui font éminemment vitrifiables.

Nous rangerons ici les carrières de craie que nous avons en Vivarais, à caufe de l'analogie des fubftances qui peut-être ne diffèrent point essentiellement.

211. Une couche de craie que j'ai observée au dessus de Bourg-Saint-Andéol en montant vers Valon, contient quelques coquillages calcinés, qui se détruisent & deviennent mous dans l'eau pure. Cette craie très-blanche absorbe l'humidité de l'air, & tous les acides sur-tout, avec la plus grande avidité. Sa carrière qui est très-peu étendue contient quelques grains de matières vitrescibles, & quelques morceaux grossièrement arrondis d'une pierre à fusil très-impure.

Voulant savoir des propriétaires des fonds où se trouvent ces marnes & ces craies, si le sol en étoit plus propre à la végétation, ils m'assurèrent que la terre des environs mêlée avec le détritus de ces substances, étoit plus fertile que les voisines qui n'en ont pas; observation qui s'accorde avec toutes celles qui ont été faites en France sur l'influence de la marne & des craies à la fécondation des terres.

212. En effet , les marnes & les craies étant éminemment calcaires , ont encore la propriété de fournir des sucs extraits d'une substance autrefois vivante, tandis que le terrain vitrifiable ne contenant aucune substance animale ni végétale , étant lui-même par sa nature quartzeuse sans sels , sans huiles, sans principe de chaleur ou d'activité, & avec peu de fluide électrique , ne peut occasionner la fermentation nécessaire aux plantes , que les restes des anciens corps organisés répandus dans toute la matière calcaire , procurent plus aisément. Voyez dans la suite de cet ouvrage le Chapitre qui traite des progrès de la végétation dans les arbres de la France méridionale , de la fécondité des terres qui résulte surtout de leur quantité de fluide électrique , & de la quantité comparée du fluide électrique dans un terrain vitreux & dans un terrain calcaire , d'après mes expériences.

Les pierres à fusil sont incrustées, en petite quantité , dans la carrière des marnes dont je viens de parler. Elles font beaucoup plus confidérables près de Rochemaure où elles font préparées pour le commerce. La plupart de ces pierres contiennent même des cornes d'ammon, & font enclavées dans une carrière avoifinée par des roches calcaires de la nature du marbre, fur lefquelles elles repofent immédiatement.

LE PLATRE.

213. Le plâtre, dit M. Macquer, n'eft pas un compofé de parties homogènes, mais une combinaifon de matières vitrifiables & de matières calcinables. Cette fubftance diffère de la chaux pendant fa calcination, à caufe de cette addition de molécules vitrifiables qui dérangent l'uniformité des phénomènes. *Voyez le Mémoire de ce Savant, dans la collection de l'Académie des Sciences.*

Le plâtre cuit fe durcit fans addition de fable, parce que fes molécules vitrifiables infiniment divifées deviennent de petits points d'appui fur lefquels

R 3

la matière calcaire fe confolide ou fe criftallife , femblables , en quelque forte, aux pièces de moellon , qui dans le ciment pouzolanique deviennent des centres de folidité qui foutiennent de part & d'autre le corps du mortier , & confolident les efpaces.

214. Les carrières de plâtre du Viva- rais , fituées entre Salavas & Vagnas, font établies à côté des terres de pote- rie entremêlées de molécules quart- zeufes qui démontrent , en quelque forte , l'affertion de M. Macquer.

215. Les offemens trouvés dans la carrière de plâtre de Montmartre à Paris , annoncent que cette fubftance eft très-moderne dans l'ordre chronologi- que des faits de la nature : la carrière de Salavas m'a montré des morceaux de bois incruftés. Une partie de cette carrière eft divifée en couches paral- lèles un peu inclinées ; diverfes divi- fions longitudinales les féparent en co- lonnes juxtapofées. Or , cette tendance de la matière calcaire à former des colonnes perpendiculaires (149), paroît

être le réfultat du retrait univerfel
qu'ont éprouvé les couches de lave,
les carrières calcaires horizontales, &
toutes les fubftances terreftres qui ont
été fondues ou en état de vafe maritime.

LES POUDINGUES ET LES BRÈCHES.

216. Les cailloux de poudingue
une fois aglutinés forment des roches
calcaires très-compactes, qui par le poli
laiffent émaner les plus belles nuances :
elles different des brèches, en ce que
celles-ci ne font qu'un agrégat de pierres aiguës qui n'ont pas été roulées par
les eaux.

217. Nous avons en Vivarais des
poudingues purement calcaires, d'autres font compofées de cailloux granitiques mêlés enfemble, d'autres enfin
font un mélange confus de pierres roulées granitiques, volcaniques & calcaires.

218. J'ai obfervé fous Aubenas
de femblables poudingues dont les parties étoient collées enfemble par une

R 4

simple terre argileuse & calcaire. J'ai
même trouvé des coquillages pétrifiés
& divers foffiles la plupart tres-bien
confervés, mélangés avec tous ces cailloux roulés.

219. La ville d'Aubenas eft fituée
fur une montagne dont la pente eft très-
rapide du côté du pont, les contours du
chemin qui conduit dans cette ville
offrent des élévations perpendiculaires:
la montagne ainfi coupée prefque à pic
laiffe appercevoir des objets les plus
intéreffans qui fixent plufieurs époques dans l'hiftoire chronologique de
la nature, & fur-tout dans celle des
montagnes fecondaires & de leurs
foffiles.

220. La première rampe inférieure
en montant du pont, offre des roches
calcaires, des couches d'une argile qui
fait effervefcence avec les acides, des
amas de cailloux roulés, granitiques,
calcaires & volcanifés.

221. La feconde offre des couches
calcaires régulières, pour la plupart,
& juxtapofées. J'y ai trouvé des bélemni-

tes & des cornes d'ammon incruſtées.

222. La troiſième eſt compoſée de roches calcaires diſpoſées en couches , & des amas de poudingue dont le gluten rougeâtre eſt pulvérulent & argileux dans divers endroits. J'ai obſervé dans ces poudingues des foſſiles bien conſervés , dont la plupart étoient entiers : j'ai vu quelques bélemnites bifurquées , des entroques , des cornes d'ammon , des nautiles , le coquillage dit *coq & poule* , des cames , des gryphytes , des cœurs , des peignes , &c. : ſous l'Airette enfin j'ai obſervé des roches ſemblables à ces dernières.

La variété des foſſiles contenus , la nature des rochers contenant , la diſpoſition de ces roches , leur mélange avec des cailloux roulés de nature ſi différente , demanderoient un volume entier pour expliquer la formation chronologique & comparée de chaque ſubſtance particulière. Nous viendrons un jour à ces objets intéreſſans , lorſque nous donnerons l'hiſtoire ancienne du globe : nous ſervant alors de leur fuperpofition mutüelle & de la variété de leur nature, noûs montrerons que la montagne d'Aubenas eft une des plus curieufes qu'on puiffe obferver.

LE TUF.

223. Les tufs que j'ai examinés en Vivarais ne diffèrent point de ceux qu'on connoît ailleurs : je me difpenfe donc d'en parler, obfervant qu'on les trouve quelquefois fur les montagnes calcaires les plus élevées, qu'ils font pofés dans ces lieux fur la maffe vive de marbre grifâtre. Ils contiennent, la plupart, des morceaux de bois incruftés, & vers le bord de la mer, des oftéocoles fur lefquels on peut confulter le mémoire de M. Guettard, dans la collection de l'Académie des Sciences.

LES ARDOISES ET AUTRES SUBSTANCES SCHISTEUSES.

224. L'ardoife paroît compofée de mo-lécules vitrifiables & calcaires, puifque

celle que j'ai expofée à un feu violent s'eft convertie en une véritable lave fpongieufe & vitriforme ; mais de ce fait particulier il ne fuit pas que tous les fchiftes foient de même nature. Le fchifte blanc & pulvérulent, qui contient des pétrifications marines, fe calcine au feu, & ne fe vitrifie que comme fondant.

225. Les fubftances fchifteufes varient donc, 1°. par leur qualité. Il en eft de calcinables, de réfractaires, & d'autres qui font très-apyres : il y en a de couleur de fer, de jaunes, de grifes, de tendres, de friables, de charbonneufes, de puantes.

226. 2°. Leur fituation eft aufli variée que leur nature & leur couleur. Il en eft à couches verticales, à couches inclinées & horizontales.

227. 3°. Les fofliles qu'elles contiennent font plus variés encore. Les trois règnes de la nature font empreints ou incruftés dans leur mafle : on pourroit même peut-être, après quelques recherches qui manquent encore fur cet

objet, trouver les familles de toutes
les plantes décrites par M. Adanſon,
& en ajouter encore un grand nombre
d'autres dont les plantes analogues ne
ſe trouvent plus dans nos climats, &
dont l'organiſation eſt même très-différente de celle de nos plantes.

228. D'autres ſchiſtes renferment entre leurs feuillets & dans leur ſubſtance
même, des inſectes, des plumes d'oiſeau, des oſſemens, des variétés d'huîtres, des cancres, des poiſſons, &
même des cornes d'ammon. Scheuchzer
rapporte même qu'on a trouvé un homme
pétrifié dans l'ardoiſe : on diſtinguoit
clairement, dit-il, l'os du front, l'os
jugal, les orbites des yeux, l'os vomer
qui ſépare les narines, une pièce du
maſſeter qui ſert à la maſtication, &
juſqu'à douze vertèbres.

229. Enfin quelques ſchiſtes ſont in-
cruſtés de matières charbonneuſes, de
pyrites, de terres cuivreuſes, &c. &c.
De ſorte que dans l'ordre minéral les
ſchiſtes même calcaires renferment
des ſubſtances dont la préſence, dans

cette matière , mérite bien d'exercer
ceux qui s'occupent de la théorie des
mines ; tandis que, dans l'ordre végétal,
ces mêmes fchiftes renfermant des plantes aujourd'hui inconnues , pétrifiées ,
mêlées avec d'autres qui nous font
connues, & , dans l'ordre animal , contenant des poiffons & des coquillages
connus mêlés avec des ammonites dont
les efpèces ont difparu , font , dans le
grand livre de la Nature , les pièces
juftificatives les plus importantes de
l'hiftoire chronologique de la formation
des carrières diverfes du globe.

230. La pofition de cette matière ,
relativement aux autres fubftances qui
compofent la croûte extérieure de la
terre , eft auffi intéreffante que la nature
même & les corps foffiles contenus.
Ces fchiftes font fitués tantôt dans des
profondeurs énormes & tantôt à fleur
de terre ; ils font ici au-deffous des lits
de poudingue , & là ils font au-deffous
des maffes argileufes ; quelquefois ils
ont pour bafe la roche calcaire vive ,
& d'autres fois ils font fur des argiles.

231. De forte que les fchiftes font de tous les âges dans l'ordre des temps, puifqu'ils renferment des foffiles de tous les règnes , & puifqu'ils font établis fur toutes fortes de fubftances dont la formation ne put jamais être fimultanée.

232. J'ai obfervé les fchiftes calcaires dans un ruiffeau , entre le mont Coiron & Privas , dont le grain étoit extrêmement fin & homogène : j'ai trouvé dans leur fubftance quelques branches de plantes inconnues qui ont laiffé des moules gravés dans la matière. A côté de ces foffiles fe trouvent d'autres plantes qui paroiffent être de la claffe des fougères , dont l'efpèce analogue exifte dans les plantes connues du voifinage. Or, ces fchiftes , quoique en petite quantité , font , comme ceux des hautes Pyrénées , expofés à fleur de terre aux regards des paffans , tandis que celles des baffes plaines font enfoncées très-profondément dans la terre , & pour les exploiter il faut creufer des puits très-profonds , enlever des terres végétales , des bancs de cailloux roulés ,

fouvent des blocs de pierres calcaires, & autres corps de cette nature.

233. Ces carrières fchifteufes du Bas-Coiron furent formées auffi dans des lieux très-profonds, puifque avant l'excavation des ravins la carrière étoit couverte de la maffe de terres calcaires qui font fuperpofées, & dont la formation eft poftérieure à celle des ardoifes inférieures : encore trouve-t-on au-deffus de tout des maffes énormes de lave, qui multiplient les époques fucceffives.

234. Or, comme toutes ces matières calcaires ont été des terres fangeufes & des limons gras prefque fluides avant leur confolidation, ces ardoifes étant beaucoup plus pures que toute autre matière calcaire de la province, annoncent une fubftance mieux élaborée, & très-divifée ; c'eft, pour ainfi dire, un filon privilégié enclavé dans la grande zone calcaire qui forme une partie du territoire de notre province ; & les corps végétaux pétrifiés qu'on y trouve exclufivement, fans qu'on les obferve

dans la pierre calcaire voisine , nous annoncent, vu d'ailleurs l'hétérogénéité des matières , que l'ardoise enclavée même dans la zone des marbres , a une origine différente de celle de la carrière qui la contient.

235. Il est dans les bas fonds des landes de Ruoms d'autres carrières d'ardoise calcaire , dont les plantes incrustées font d'une race inconnue de nos jours : les unes & les autres annoncent , par conséquent , des anciens âges où les productions végétales étoient différentes, dans ces lieux, de celles que nous observons à présent : la température du climat, peut-être différente de celle d'aujourd'hui , permettoit à d'autres espèces de plantes de végéter à leur aise, tandis que les révolutions arrivées au globe ont fait périr peu-à-peu ou dégénérer ces plantes primitives dont il ne reste que des monumens pétrifiés.

236. Nous devons distinguer ici d'autres fortes de pierres arborisées qu'on trouve en Vivarais : elles font tendres comme le tuf, leurs branches font

font étendues dans toute la fubf-
ftance des pierres ; tandis que celles
des ardoifes font , au contraire ,
ordinairement applaties , & leurs brins
d'herbes font couchés entre les feuillets pétrifiés , & paroiffent d'une antiquité antérieure ; on les trouve fur la
montagne qui eft entre la Chapelle près
Aubenas & Balafuc : j'en ai vu encore
en montant du Pont-Saint-Efprit à
Bidon , & à Saint-Remèze. Si l'on frappe
fur les fentes de ces pierres , on les voit
fe divifer en feuillets : les féparations
des plantes pétrifiées d'avec le refte de
la carrière détermine cette divifion ; &
l'ancienne plante fe montre toute à découvert. On croiroit voir quelquefois
des efpèces de joncs applatis par un
poids quelconque ; chaque coup de
marteau préfente un nouveau coup-d'œil
intéreffant : on admire une branche plus
parfaite , plus grande ou plus petite ;
on en voit quelquefois qui font coupées
au milieu ; alors l'efpace qu'eût occupé
la partie coupée eft rempli par une
excroiffance de pierre calcaire qui tient

Tome I.   S

la place de ce qui manque , & démontre
que la plante se moula dans un terrain
alors presque fluide.

237. D'autres fois la plante pliée &
entortillée en elle - même n'est point
applatie par les deux lames de pierre
ambiante qui embraffent le groupe avec
tous ses plis & replis , & forment une
voûte autour du corps étranger pétrifié;
les couches suivantes *juxtaposées* à celles-
ci forment avec elles des enveloppes
concentriques & des couches qui con-
servent les sinuosités des deux précédentes.

238. Ce qui est plus admirable encore c'est la vraie & totale métamorphose des plantes en pierre. Tous ces
végétaux autrefois vivans , flexibles ,
&c. sont changés en pierre calcaire de
la même nature que la roche qui les
contient & les embraffe : il ne reste que
leur type primordial ou la forme extérieure des plantes des feuilles , leurs
sinuosités & leur découpure , tout ce
qui est néceffaire enfin pour conclure
combien diffèrent ces plantes antiques

des plantes modernes de la province qui ont triomphé des révolutions arrivées au globe terrestre, ou qui peut-être se sont perfectionnées en changeant de forme & d'espèce; car nous verrons dans la partie des plantes de cet ouvrage & dans celle des arbres, &c. que les espèces sont sujettes à changer, quoiqu'elles soient élevées dans le même climat que celles qui les ont produites.

239. Il est néanmoins des schistes dont la situation & les corps fossiles contenus paroissent d'une formation plus récente que les précédens dans l'ordre chronologique des faits de la nature. J'en ai trouvé entre Saint-Just & Bidon, qui étoient posés sur des roches calcaires peu compactes ; ils contenoient des poissons pétrifiés dont les écailles ou la peau ressembloient parfaitement à celles des anguilles, quelques pyrites cuivreuses & quelques grains de quartz sans forme régulière de cristallisation. J'ai observé des plantes connues de nos jours & notamment la petite prêle. En deux mots , dans cette dernière

S 2

carrière d'ardoises j'ai vu des foffiles dont les femblables exiftent, tandis que dans la précédente fituée fous le Coiron, je les ai trouvés mêlés avec d'autres foffiles dont les femblables ont difparu fur la furface de la terre. *Voyez dans la fuite de cet ouvrage la defcription de quelques tables d'ardoifes obfervées dans les Cevènes, dans mes voyages minéralogiques.*

240. De toutes ces obfervations je conclus, 1°. que l'ardoife eft de tous les temps & de tous les lieux que j'ai décrits; 2°. qu'elle eft l'ouvrage de la mer, puifqu'elle renferme des cornes d'ammon & autres coquillages foffiles; 3°. qu'elle étoit une véritable fange des bords des mers, puifqu'elle contient des joncs pétrifiés; 4°. qu'elle fut *terre végétale* primordiale, puifqu'elle contient des plantes dont les analogues n'exiftent plus; & 5°. enfin, qu'elle fut terre végétale plus récente encore, puifqu'elle renferme des plantes dont les femblables fervent à notre nourriture, & des

débris d'infectes & de plusieurs autres animaux.

Or, comme pour vérifier tout ce que nous écrirons sur les époques diverses des carrières calcaires, il falloit une matière qui eût existé dans tous les âges du règne calcaire, les ardoises nous ont servi de pièces justificatives pour vérifier les dates, & confirmer nos observations sur les époques de la nature. *Voyez à la suite de cet ouvrage, dans l'Histoire ancienne du globe terrestre, le Chapitre intitulé* l'Art de vérifier les dates de la Nature.

241. Je ne veux point finir cet article sans rendre compte d'une observation qui dans la suite doit servir à divers raisonnemens. Il est décidé par toutes les observations précédentes que l'ardoise a été une véritable vase de la mer, puisqu'elle contient des corps marins en état de fossile. Il paroît encore qu'à l'époque de son émersion ou de l'éloignement des mers, cette substance étoit dans un état de fange, puisqu'elle contient dans son sein des fossiles que la

mer n'a jamais produits : ils n'ont pu
être introduits d'ailleurs dans la fubftance de l'ardoife, que lorfqu'elle étoit
à fec fur le rivage. Nous avons donc,
par ces faits, des preuves de la fortie
des fchiftes ardoifés hors du fein des
mers, en état de boue ou de vafe.

Après avoir décrit ainfi en détail chaque carrière, nous devons préfenter leur
fuperpofition réciproque qui doit former,
de toutes ces fubftances hétérogènes,
un tout lié enfemble, un réfultat de
ce que nous avons dit fur chacune en
particulier.

242. C'eft un fait, 1°. que le marbre
eft le fondement inférieur de toutes les
zones, & par conféquent le plus
ancien ; 2°. qu'il domine en hauteur en
forme de pic, parce qu'il n'a pas été
dérangé par les eaux-poftérieures dans
ces élévations ; 3°. que les marbres
cailloutés en font les premiers déblais ;
4°. que les marnes, les pierres calcaires fecondaires, les pierres blanches
pofées fur la matière de marbre, &
par conféquent de date poftérieure ;

peuvent avoir été formées par les eaux aux dépens de cette matière primordiale; 5°. que les ardoises sont sorties de la mer en état de vase, & ont donné lieu aux joncs aquatiques pétrifiés & incrustés dans leur masse.

243. Mais voici des pics de marbre enclavés dans la carrière calcaire blanche, des marbres cailloutés qui sortent en forme de pics au-dessus de ces mêmes carrières. Ceci ne semble-t-il pas contredire les observations précédentes? A cette objection qu'on m'a faite, je réponds que les pics & les roches qu'on voit aux environs de Bourg-Saint-Andéol, au bas desquels se trouvent des carrières blanches de pierres calcaires, confirment tous les faits précédens. Les pics isolés sont antérieurs à la formation des pierres blanches qui les enveloppent, comme une personne enveloppée d'un manteau fort au-dehors la tête nue. Cette remarque étoit nécessaire à quelques voyageurs, qui observant ces objets en superficie (9) & non en profondeur (8),

S 4

ont trouvé que ces carrières devoient contredire des obfervations qu'elles appuyent.

TERRES GLAISES OU ARGILES CALCAIRES.

244. Quelques Auteurs n'admettent aucune diftinction entre les argiles & les terres glaifes ; elles diffèrent néanmoins entre elles autant que les roches granitiques diffèrent des roches calcaires.

Il paroît même décidé que les terres glaifes font un véritable détritus de ces dernières , ou plutôt une roche calcaire dégénérée , puifque j'ai trouvé des bancs d'argile en couches horizontales entre d'autres bancs de marbre le plus folide ; ces terres glaifes renferment , d'ailleurs, des fossiles femblables aux roches vives qui les contiennent.

245. La terre glaife calcaire diffère, outre cela, de l'argile qui eft un détritus des roches quartzeufes , en ce qu'elle fait une vive effervefcence avec les acides, & qu'elle fe diffout plus promp-

tement dans l'eau : les briques faites de terre glaife font plus fonores , plus unies, & réfiftent davantage aux injures des temps , tandis que les argiles provenues de granits décompofés contiennent dans leur fubftance divers grains de nature quartzeufe qui n'ont pas été également métamorphofés en argile , & qui interrompent la liaifon qui caractérife une bonne argile. D'après ces vues fur la deftruction des carrières calcaires diverfes, & fur leur changement en terre glaife par l'action des principes diffolvans de la chymie univerfelle de la nature , on peut expliquer la variété étonnante des terres glaifes qui fe trouvent dans nos contrées du Bas-Vivarais.

Toutes portent le caractère des carrières dont elles proviennent. Dans le paffage , par exemple , de la zone calcaire à la zone granitique , les argiles font fufibles , parce que les roches dont elle proviennent font calcaires & granitiques ; les premières ont fourni dans ce cas tout le fondant néceffaire.

D'autres fois elles font purement bolai-
res ; fouvent elles font très-propres
aux ouvrages de poterie , à donner une
belle faïence ; & il eft fâcheux que la
province foit dépourvue d'ouvriers in-
telligens qui tireroient le plus grand
parti de nos richeffes naturelles.

Crilner

CHAPITRE VI.

De quelques minéraux du Vivarais renfermés dans des terrains calcaires. Mines de plomb natif. Terres alumineuses. Mine de fer en grains de Cruſſol.

247. CE n'eſt pas dans un ſol calcaire qu'il faut chercher les mines les plus riches : on doit plutôt monter ſur les hauteurs, ou parcourir les vallées granitiques, pour obſerver les minéraux que les Arts convertiſſent à l'uſage de l'homme.

M. de Genſanne, chargé par les Etats de Languedoc de faire la recherche des divers minéraux & des charbons de terre, a découvert avant moi en Vivarais des mines de plomb natif. Je rapporterai donc ici l'hiſtoire de ce minéral qu'il décrit dans ſon hiſtoire de Languedoc, *Tom. 3. pag.* 208.

» En parcourant ces cantons, nous avons trouvé, dit-il, entre Pradel & Veffaux, une mine de plomb de même nature que celles qui fe trouvent à Serremejanes. Ce minéral fe trouve entre des couches d'une pierre calcaire, très-fauve & fouvent rouge, qui règnent prefque dans toute l'étendue de la forêt des Châtaigniers; il y en a, dans des endroits, depuis un pouce & demi jufqu'à deux pouces d'épaiffeur, & il paroît que ces couches ont de la profondeur, parce qu'on trouve de cette mine dans un ruiffeau en pente, à des profondeurs fort inférieures les unes des autres.

Ce minéral en général eft une vraie mine de plomb blanche, terreufe, connue dans la Minéralogie; mais ce qu'il y a de fingulier, c'eft que cette fubftance terreufe renferme, dans fon intérieur, de véritables grains de plomb tout faits, ce qui a été inconnu jufqu'ici. La terre minérale qui renferme ces grains, rend jufqu'au-delà de quatre-vingt-dix livres de plomb au quintal, & les grains de plomb qu'elle renferme font très-purs & très-doux. Il s'y en trouve de la groffeur d'un pois, & même d'une balle de moufquet; ils n'affectent point une configuration régulière; il y en a de toutes fortes de figures : on en voit qui forment de petites veines au travers du minéral en forme de filagrammes, & reffemblent aux taches des dendrites.

Nous avons trouvé du minéral femblable, à la Paroiffe de Senilhac, près le village de Fayet, dans un ruiffeau appelé, *lou Vallat de las Conchis*, avec cette différence que ce dernier renferme beaucoup plus de plomb natif. On nous en a pareillement fait voir à Villeneuve-de-Berc; il fe trouve à la montagne à droite du chemin qui conduit à Aubenas, à une petite lieue de Villeneuve-de-Berc.

Les quatre endroits de ces montagnes où l'on trouve ce minéral, font à plus de trois lieues de diftance les uns des autres, fur un même alignement.

La fingularité de ce phénomène, mérite que nous nous y arrêtions un moment. Jufqu'ici on ne connoît point de plomb vierge, c'eft-à-dire, de plomb qui fe trouve tout formé dans le fein de la terre : on a trouvé du plomb dans les terres en Siléfie, & l'on a cru qu'il provenoit de quelque bataille qui s'étoit donnée dans cet endroit. Nous ne faurons conjecturer le même fait fur les plombs que nous avons trouvés en Vivarais ; les terres qui les accompagnent ne nous permettent pas cette fuppofition, non plus que les lieux où ils fe trouvent : il y en a, comme on a vu ci-devant, à Serremejanes, à Fayet près l'Argentière, à Saint-Etienne-de-Boulogne, dans la vallée de Veffaux, près d'Aubenas & près de Villeneuve-de-Berc, & c'eft à chaque endroit dans des ravins efcarpés, qui ne font guère propres à donner des batailles, & dans des territoires qui annoncent par-tout des mines de plomb. Tous ces endroits font fitués fur une même ligne qui a plus de huit lieues de longueur, quoiqu'à deux, trois & quatre lieues de diftance les uns des autres : d'ailleurs, la configuration des grains de ce métal prouve qu'ils n'ont jamais fervi à des armes à feu : les plus gros font comme des marrons, ou de la groffeur d'une petite noix; leur figure eft abfolument irrégulière : il y en a d'applatis, d'autres plus épais & tous bifcornus ; les plus communs n'excèdent pas la groffeur d'un petit pois, & il y en a qui font prefqu'imperceptibles. Ils font tous renfermés dans une terre métallique très-pefante, & qui rend à l'effai, comme on l'a dit, jufqu'à quatre-vingt-dix livres de plomb au quintal. Cette terre eft précifément de la couleur des cendres de hêtre, ou de la litarge réduite en poufîère impalpable. Cette terre fe coupe avec le couteau ; mais il faut le marteau pour la caffer ; elle eft, pour l'ordinaire, de même couleur dans fon intérieur. J'en ai cependant trouvé des morceaux qui, étant caffés, renfermoient une matière femblable à de la litarge, fi ce n'en eft pas une. J'en ai même caffé quelques morceaux, dans lefquels j'ai trouvé des véritables fcories de plomb. Ne nous hâtons pas, pour cela, de conclure que ces matières proviennent des anciennes fonderies qui peuvent avoir été conftruites dans chacun de ces endroits. Quelqu'un qui n'y regarderoit pas de plus près, s'en tiendroit à cette conclufion qui eft toute naturelle ; mais les obfervations fuivantes ne permettent pas de nous y livrer fans réflexion.

Perfonne n'ignore qu'on ne coupelle le plomb, & qu'on ne le réduit en litarge que pour en retirer l'argent qu'il renferme ; & tous ceux qui connoiffent ces fortes d'opérations, favent que le plomb qui paffe avec la litarge, par l'inadvertance des affineurs, eft toujours un plomb riche en argent. Les Chymiftes favent également que toutes nos litarges ordinaires étant

revivifiées

revivifiées & réduites en plomb, rendent à la coupelle un petit grain d'argent. Or, j'ai revivifié ces espèces de
terres & litarges fossiles ; j'ai coupel-
lé, à différentes reprises, tant le plomb
qui en est provenu, que celui qu'elles
renferment naturellement, & ces plombs
ne m'ont jamais rendu les moindres
atomes d'argent. Il faut donc naturellement conclure que ces plombs n'ont
point été réduits en litarge pour en
retirer l'argent, & que ces litarges
ne sont pas de la nature des nôtres,
& même qu'elles n'ont pas été faites
de main d'homme, puisque, si on les
avoit faites pour quelqu'autre vue, on
ne les auroit pas laissées perdre dans
les terres. Première réflexion.

Il faut cependant convenir d'un fait ;
c'est que, dans des temps reculés, on
coupelloit le plomb dans des trous
qu'on pratiquoit dans la terre, &
qu'on remplissoit à moitié de cendres
entassées ; on y plaçoit le plomb, &
l'on faisoit par-dessus un grand feu de
bois, qu'on animoit avec des souf-

flets : on faifoit, de cette manière, évaporer une bonne partie du plomb, & la litarge fe rangeoit fur les bords du baffin, ou de la coupelle. L'affinage fous bûche, qu'on pratiquoit encore du temps d'Agricola, n'étoit autre chofe que cette ancienne méthode rectifiée ; mais auroit-on abandonné tant de litarges & de plombs comme de nulle valeur ? C'eft ce qui ne paroît pas vraifemblable.

D'un autre côté, fi ces plombs avoient été affinés fur les lieux, on n'en trouveroit dans chaque endroit que fur les lieux où étoient ces affinages : au lieu que ces matières occupent une grande étendue de terrain, fur-tout à Serremejanes & à Saint-Etienne-de-Boulogne, où l'on en trouve fur un efpace de plus d'un quart de lieue. Il y a plus, c'eft qu'il ne feroit guère poffible de ne pas trouver, dans le voifinage de ces endroits, des fcories de ces anciennes fonderies, fi elles avoient exifté ; mais quelques foins que je me fois donné, foit en cherchant moi-même, soit en m'informant des habitans, il ne m'a pas été possible d'en découvrir le moindre vestige.

Mais voici une seconde réflexion qui me paroît bien plus embarrassante; c'est qu'à Villeneuve-de-Berc, & sur-tout à Saint-Etienne-de-Boulogne, ces matières plombeuses se trouvent entre des bancs d'une roche calcaire fauve, les unes au deffus des autres. Or, on fait que ces fortes de roches doivent leur existence à des matières animales, & sur-tout à la diffolution des coquillages. Or, si ces matières avoient passé par les mains des hommes, il faudroit que ce fût avant l'existence des roches calcaires, & par conséquent avant que la mer eût couvert le Languedoc. Ceci me rappelle l'obfervation que me faifoit le favant Abbé de Sauvages, & dont nous avons parlé au premier volume de cet Ouvrage, qui est qu'en réfléchiffant fur différentes couches de roches qu'on trouve dans cette Province, on feroit porté à croire qu'elle a été plus d'une fois couverte des eaux de la mer. Ne nous égarons pas dans le détail des réflexions qui réfulteroient naturellement de ces obfervations, elles nous meneroient trop loin ; nous refpectons trop d'ailleurs l'autorité des favans qui ne feroient pas de notre avis. Ce qu'il y a de bien certain, c'eft qu'il eft très-difficile de décider fi les matières plombeufes qui ont donné lieu à cette differtation, font l'ouvrage des hommes, ou celui de la nature.

A en juger par la poffibilité des faits, il n'y a rien là qui répugne aux principes que nous avons établis dans le Difcours préliminaire du fecond volume de cette Hiftoire, puifque, pour former un corps quelconque, un métal, il ne s'agit que de l'union intime des fubftances analogues qui le compofent. La nature forme tous les jours de l'or, de l'argent & du cuivre vierge ; pourquoi ne formeroit-elle pas du plomb natif ? On croyoit également qu'elle ne produifoit point de fer vierge ; celui qu'on a trouvé fur les côtes du Sénégal , a diffipé ce préjugé ; il en eft à peu près de même des litarges natives. Les mines de plomb blanches & terreufes , les vertes , les rouges , les noires , &c. , qui font toutes très-connues , ne font pas moins de chaux plombeufe , comme la litarge. Il faut en convenir ; nous ne fommes encore qu'aux élémens de l'Hiftoire Naturelle , fur-tout de la partie minéralogique ; mais il y a lieu d'efpérer qui fi les progrès qu'on fait journellement fur cette importante matière , fe continuent , on parviendra enfin à lever le voile , & à pénétrer dans le fanctuaire de la nature , fur-tout depuis qu'on s'eft apperçu que l'étude de l'Hiftoire Naturelle eft la vraie étude de l'homme.

Il y a dans la Paroiffe de Serremejannes , dit encore M. de Genfanne , quantité d'indices de mine de plomb ; mais un phénomène bien fingulier , c'eft qu'on trouve fur la furface de ce

terrain des morceaux de mine de plomb
plâtreuſe, ſemblables à de la pierre à
chaux, qui renferment des grains de
plomb naturel, dont quelques-uns pe-
ſent juſqu'à demi once. Les bergers
& les enfans s'amuſent à chercher ces
ſortes de pierres, qu'ils ne diſtinguent
des autres que par la peſanteur, &
qu'ils caſſent pour avoir le plomb qui
s'y trouve renfermé. Ce qu'il y a de
ſûr, c'eſt que la matière dure & ter-
reuſe, qui renferme ces grains, rend
elle-même juſqu'au-delà de quatre-vingt
pour cent de plomb. Nous avons parcouru tout ce canton, qui eſt très-
étendu, avec toute l'exactitude poſſible; nous y avons trouvé pluſieurs
de ces grains; mais il ne nous a pas
été poſſible d'y découvrir la moindre
trace de fonderie, ni d'aucune ancienne exploitation. Nous y avons, à
la vérité, remarqué des endroits qui
paroiſſent couvrir des veines très-con-
ſidérables de ce minéral; mais il n'y
a pas le moindre veſtige de travaux.
Ces plombs ne peuvent pas non plus

avoir été fondus par les feux fouterrains, ni par aucun volcan ; parce
qu'on n'apperçoit aucune efpèce de
lave dans ces cantons. D'ailleurs, la
fubftance minérale qui renferme ces
grains de plomb, ne paroît pas avoir
fubi aucune altération du feu ; c'eft
une fubftance de la nature des cérufes
durcies & prefque pétrifiées.

Nous aurons occafion de revenir fur
cette matière importante, parce que
ce canton n'eft pas le feul du Vivarais qui nous ait offert un pareil phénomène. »

Cette efpèce de mine de plomb natif n'eft pas unique : elle eft pourtant
fort rare, puifque plufieurs Minéralo-
giftes en ont nié l'exiftence. Henkel
rapporte dans fon *Flora Saturnifans*
chap. IV, d'après Herman, qu'on trouve à Groszauch proche Mafel en Siléfie, des grains de plomb depuis la
groffeur d'un grain de chenevi jufqu'à celle d'une fève, de ronds, &c.
C'eft, dit-il, un véritable plomb natif, couvert d'une enveloppe calcaire

T 4

qui avoit été calcinée par les vapeurs
fouterraines, ou par quelque eau minérale, ou peut-être même par l'air.
Quoi qu'il en foit, il eft conftant que
cette mine de plomb à petits grains
exifte dans la nature, & nous ne nous
fommes étendus fur cette matière, que
parce que ces variétés n'étant pas généralement connues, on fera plus en
état d'en continuer l'hiftoire. Mais
remarquons, en paffant, que ces mines de plomb ne font point éloignées
du paffage du fol calcaire au fol vitrifiable.

248. J'ai obfervé des terres alumi-
neufes entre Vals & Afpre-Joc, au-
delà du chemin qui conduit d'un village à l'autre. Des eaux pluviales qui
avoient diffous quelque partie de ce
fel, en avoient acquis une légère aci-
dité : il me parut même appercevoir
une petite effervefcence intérieure, ma-
nifeftée par une vapeur un peu humide qui s'élevoit du terrain.

La terre la plus alumineufe que je
recueillis, devenue fèche, montra à

la loupe de très-petits criftaux, &
donna au feu une odeur légère de bi-
tume. Elle décrépita d'abord, fautant
en éclats à droite & à gauche ; mais
elle fouffrit enfuite toute l'action du
feu qui la fit durcir comme une pierre
compacte.

249. Sur la montagne de Cruffol
j'ai trouvé la mine de fer en grains.
Vallerius l'appelle *Minera ferri gra-
nulata* : fes grains font de groffeur in-
déterminée, depuis celle des aman-
des jufqu'à celle des petits plombs ;
ils ont peu de dureté, ils fe pulvérifent aifément ; on les trouve dans
des creux, depuis le milieu de la montagne jufqu'au fommet du côté de Va-
lence.

CHAPITRE VII.

Les couches horizontales ou inclinées, parallèles ou divergentes, les fentes verticales ou irrégulières des roches calcaires, sont-elles l'ouvrage de plusieurs dépôts successifs des eaux de la mer, ou de la pétrification postérieure de la matière à l'époque de son émersion ?

Lorsqu'on eut prouvé, par les observations les plus frappantes, le séjour des mers sur toutes les montagnes de la terre, lorsqu'on eut bien distingué la matière calcaire d'avec la matière quartzeuse, rien ne parut plus vraisemblable encore, que d'attribuer aux courans des mers les couches superposées des montagnes calcaires : on imagina donc que c'étoit là une agrégation de dépôts successifs.

250. L'étude comparée & réfléchie des scissures de ces roches calcaires

femble cependant jeter quelque doute
fur ce fyftême qui plaît fingulièrement
à l'imagination, & qui d'un feul mot
donne la théorie de la formation de
toutes les couches.

251. Les montagnes calcaires du
Vivarais, & plufieurs autres de nos
Provinces méridionales , préfentent
néanmoins , outre ces couches horizontales ou inclinées , plufieurs autres divifions régulières ou confufes , qui ne
paroiffent point être l'ouvrage d'une
fucceffion de dépôts fuperpofés. Ici
des roches énormes fans aucune fciffure
couronnent des maffes à feuillets ; là
fe trouvent des divifions entortillées
qui , après avoir occupé enfemble un
efpace où toutes leurs couches s'em-
brouillent , s'étendent enfuite horizontalement , & partagent un autre efpace où des formes géométriques fuccèdent au cahos précédent. Tantôt ces
couches affectent une pente parallèle à
celle des fleuves , & tantôt elles font
fphéroidales. Quelquefois des globes
difpofés en couches fuperpofées com-

posent toute une carrière ; d'autres fois ces bancs sont formés d'une infinité de prismes juxtaposés. Tâchons d'observer par l'analogie l'ancienne force qui opéra ces désordres & ces régularités, en donnant à nos idées une liaison avec d'autres faits connus dans la nature. Ici je prie mon Lecteur de ne pas perdre de vue la chaîne des faits physiques liés ensemble dans cette théorie ; ils sont tellement dépendans les uns des autres, qu'il n'est pas possible de concevoir les derniers faits, sans faire attention à ceux qui les précèdent.

FENTES VERTICALES.

252. Les sciffures perpendiculaires des roches calcaires paroissent être d'abord le résultat de la pétrification ou retrait de la matière qui passoit de l'état de vase de mer à celui de pierre vive. L'eau renfermée dans cette fange universelle laissa des vides en se séparant, tandis que les forces attractives faisoient ap-

procher les molécules les unes des autres , & commençoient l'ouvrage de la
pétrification.

253. Quelques efpaces dans la féparation générale des eaux reftèrent
néanmoins fans iffue ; il fe forma alors
des vacuoles folitaires où l'eau fans
iffue dépofa les molécules calcaires
qu'elle tenoit en diffolution, formant
les fpaths de diverfe nature , tandis
que toute la maffe calcaire retenoit
une partie de l'acide univerfel qui s'éva-
pore aujourd'hui pendant la calcination , & qu'elle confervoit encore une
partie de l'eau maritime que la même
opération volatilife aufli.

254. C'eft donc à l'époque de la
féparation générale de l'eau d'avec la
vafe terreufe , qu'il faut placer la formation des fentes perpendiculaires des
roches : on conçoit, en effet, que la
direction de ces retraits étoit feulement
en fens horizontal ; & quel eft le Phyficien qui pourra contefter que ces directions ne peuvent varier ? Cette force
qui porte la vafe bourbeufe à rappro-

cher les parties latérales vers le centre & à former des colonnes verticales, ne peut-elle pas, par la même caufe, diriger les parties fupérieures & inférieures vers ce même centre, & former en ce fens des couches horizontales ?

Et s'il eft avéré que ce retrait des côtés latéraux n'a pu fe faire que par l'action de ces forces, peut-on nier qu'il ne foit arrivé quelquefois des retraits de bas en haut, puifque toutes les parties dûrent fe pétrifier avec la même économie ?

255. Parcourez les chaînes des montagnes calcaires du Vivarais, fituées à gauche depuis Joyeufe jufqu'à Villeneuve-de-Berc, & vous verrez tout le fyftême des retraits repréfenté en grand. Ici tout eft divifé horizontalement, les couches parallèles font de diverfe épaiffeur ; mais les fciffures perpendiculaires qui fubdivifent encore ces couches en quarrés, en trapèfes, &c., annoncent des befoins de retrait poftérieur au retrait général qui avoit formé les couches horizontales.

256. Or, ces petites fciffures perpendiculaires ne fuivent-elles pas, d'ailleurs, des règles invariables qui montrent que ces fubdivifions fecondaires
en cubes font plus multipliées dans
les couches moins épaiffes, & qu'elles
font au contraire plus rares & plus
larges dans les plus confidérables ?

257. Voilà donc une feule force
dans la pétrification, qui opère deux
effets difparates, & qui tend à former
des couches horizontales par le retrait
des parties de bas en haut, & des cubes ou des colonnes par celui des parties
latérales vers le centre.

COUCHES CONCENTRIQUES.

258. Mais ces montagnes à couches
concentriques (124), quand reçurent-
elles cette forme fphéroidale ? C'eft à
l'époque même de la pétrification. Je
me place donc, pour donner leur théorie, au moment où la mer délaiffa ces
monticules de forme ronde que fes
courans avoient ainfi façonnés, &

j'obſerve comment l'acte de la pétrification put ordonner ces ſciſſures.

259. La ſéparation de ces montagnes
rondes d'avec le reſte de la vaſe voiſine occaſionna des retraits ſéparés
des autres retraits généraux de la zone
calcaire voiſine.

Iſolées de toute autre maſſe, &
ſoumiſes aux agens indépendans des
cauſes univerſelles, ces montagnes n'é-
prouvèrent donc que des retraits dépendans de leurs formes particulières.

260. Toutes les parties de la vaſe
ſphéroidale expulſant l'eau, ſelon les
lois connues de la pétrification, tendi-
rent dès lors toutes enſemble vers le
centre de la montagne, & je ne puis
mieux exprimer cette tendance des parties extérieures, ſur-tout de ces montagnes, qu'en la comparant à la tendance univerſelle de toutes les pierres
d'une voûte à dôme vers le centre
commun de leurs arcs. Or, cette tendance ſimultanée de toutes les parties
dut produire des couches concentriques, tandis que la ſucceſſion de ces
forces

forces continuées occasionna la division des couches suivantes jusqu'au centre de ces sortes de montagnes.

261. Et comme la pétrification ne put se perfectionner par cette seule tendance du centre à la circonférence, comme chaque couche pouvoit encore éprouver des retraits secondaires dont les directions coupassent à angles droits les directions précédentes, chaque couche concentrique se subdivisa en cubes juxtaposés, qui donnoient ainsi à la matière des retraits exécutés dans tous les sens possibles.

262. La formation des couches concentriques est le résultat, selon ces principes, de deux forces diverses de retrait. La première, dont la direction est de la circonférence vers le centre, dépendant de la force de l'attraction générale & de la forme de la montagne sphéroïdale, produit des voûtes superposées.

263. La seconde qui est postérieure, dépendant d'un second besoin de retrait de la vase déjà divisée en voûtes

Tome I. V

concentriques, produit des cubes jux-
tapofés, qui divifent en quarrés toutes les couches précédentes. Je demande à préfent fi les courans des mers
forment des cubes femblables, s'ils les
juxtapofent, s'ils les taillent comme
un architecte pour former des voûtes,
& fi la théorie des couches des montagnes du Vivarais décrites (124),
peut s'expliquer par la fuperpofition
des dépôts ?

On conçoit la formation des cubes
décrits (131) par la fucceffion des
retraits de bas en haut, & en fens horizontal. *Voyez ci-après la théorie des
bafaltes dans l'hiftoire des volcans.*

COUCHES DE GLOBES JUXTAPOSÉS.

264. Les lois du retrait montrent
encore, fans avoir recours à des dépôts, comment les couches horizontales décrites (134), ont pu contenir des
globes à couches concentriques de diverfes couleurs.

265. Pour en connoître la formation,

plaçons-nous au moment où la carrière fut d'abord divifée en couches horizontales. A cet inftant la vafe étoit parvenue déjà à un certain degré de retrait, une partie de l'eau vafeufe avoit été expulfée ; mais comme les lois du retrait obligent toutes les parties à fe condenfer autant qu'il eft poffible, ces couches horizontales éprouvèrent des befoins fubféquens de retrait qui, au lieu de former des fciffures droites, donnèrent des formes encore plus compofées, occafionnées par la nature même de leurs parties conftituantes.

266. Il ne fallut pour cela qu'une certaine réunion de molécules femblables, dont l'adhéfion fe fit par la correfpondance de leurs furfaces. La loi de l'attraction générale perdant alors une partie de fes droits, permit à une partie de ces molécules de s'approcher mutuellement : de divers côtés il fe fit des avancemens vers le point central commun à toutes ces molécules dont la correfpondance forma des globes.

267. Auffi ces globes paroiffent-ils les

V 2

plus homogènes & les plus compactes ; lorsqu'on les partage en deux : leurs angles intermédiaires font remplis par une matière moins compacte qui ne put s'arranger en forme de globe , parce que la carrière étoit déjà divisée horizontalement en couches qui refferroient les globes : quelques - uns néanmoins paroiffent applatis , à caufe de la tendance des parties anguleufes vers les centres.

COUCHES INCLINÉES.

268. Les couches inclinées parallèles entre elles tiennent cette fituation du fol fondamental antérieur fur lequel elles fe moulèrent.

Rappellons-nous qu'il eft de couches calcaires de plufieurs degrés d'antiquité ; rappellons-nous encore que la mer, après avoir formé une carrière par fes dépôts , lui donna par fes courans l'inclinaifon générale de tout le terrain du voifinage qu'elle fubmergeoit ; quelques régions calcaires , où font aujourd'hui des sources de fleuves, étoient ainsi les sommets de ces lieux inclinés qui penchent vers les mers.

269. C'est sur ces terrains inclinés que les carrières calcaires plus récentes s'établirent postérieurement, & c'est sur cette inclinaison que la vase superposée moula ses premières couches ; le retrait les multiplia ensuite successivement, & les forma les unes après les autres. Nous les avons décrites (123).

COUCHES RECOQUILLÉES.

270. Les couches recoquillées (126), s'offrent enfin à nos regards. D'où viennent la confusion de leur ensemble & les régularités voisines ? Ici servons-nous de l'analogie & des faits physiques que nous présentent les Arts.

271. Lorsque les Pressiers préparent le papier de l'ouvrage qu'ils vont imprimer, ils en trempent dans l'eau chaque main, pour que les feuilles se moulent plus aisément sur toutes les éminences

V 3

des caractères, & qu'elles en reçoivent les traits les plus déliés. Il arrive souvent que dans une rame de papier mouillé, il est plusieurs mains qui sont plus humides que les voisines ; il se forme alors dans ces feuilles des boursouflures concentriques de plusieurs feuillets de papier qui disparoissent dans les espaces moins humides ; aussi le Pressier, pour rendre l'apprêt plus égal, change-t-il les surfaces correspondantes en mêlant chaque main à peu près comme un jeu de carte. Le papier moins humide suce alors l'humidité voisine surabondante, selon les lois connues de l'équilibre des vapeurs : la rame de papier devient par là également humide dans toutes ses parties. Voilà ce qui se passe en petit dans nos laboratoires.

272. Or, les faits physiques de tous les Arts trouvent leurs analogues dans les grandes opérations de la nature : ce n'est même que par ces petits faits factices que les Physiciens, les Chymistes & les Naturalistes se sont élevés jusqu'à la con-

noiſſance des agens univerſels du monde phyſique , & nous n'avons rapporté cet exemple , que pour parvenir nous-même juſqu'à la formation de ces carrières à couches embrouillées.

273. Nous croyons donc qu'à l'époque du retrait , elles étoient compoſées de pluſieurs matières hétérogènes , que certaines d'entre elles conſervoient une plus grande quantité d'eau que leur voiſine , que la pétrification précipitée des premières reſſerra certains eſpaces , que les voiſines furent ainſi obligées de les remplir , & que les ſuivantes ſe moulèrent dans ces vides divers.

274. Le faux accord des retraits , ou la précipitation de quelques couches relativement à la lenteur de quelques autres , forma donc ces couches recoquillées qui participent d'une manière concentrique à toute l'ir-régularité de la maſſe , comme la rame de papier du Preſſier , dont toutes les feuilles ne ſont point également humides , ſe recoquillent & forment des éminences & des bulles. Les différens

V 4

degrés d'intufufception d'eau expliquent donc ici toutes les irrégularités qu'on obferve dans le cœur de ces roches.

La doctrine du retrait de la matière a fait dans les fciences peu de progrès; elle paroît dépendre de la loi univerfelle de l'attraction. On l'obferve dans toutes les matières hétérogènes qui paffent de l'état de fluide à celui de liquide, foit que l'eau ou le feu en aient été les diffolvans : on trouve les effets de fes lois même dans nos meubles de bois qui fe deffèchent, & dans la plus grande partie des faits phyfiques qui fe paffent fous nos yeux.

J'avois ainfi écrit ce chapitre, lorfque des obfervations d'un autre genre m'ont prouvé que la matière calcaire ne doit la formation de fes couches fuperpofées qu'à l'acte de la pétrification.

La montagne de Cruffol s'offre du côté de Valence en forme de rempart, qui s'approche de la perpendiculaire, & comme c'eft fur les furfaces verticales que j'ai fait le plus de découvertes dans l'hiftoire phyfique de la Province , je tentai de monter jufque fur le haut.

275. Des couches peu épaiffes forment le bas de cette montagne : on gravit fort aifément jufque vers le milieu où l'on arrive après demi-heure de chemin ; mais ici les couches deviennent plus épaiffes, les paffages plus difficiles , & la maffe totale de la montagne eft prefque perpendiculaire.

276. C'eft entre ces couches mitoyennes que j'ai trouvé des amas de cornes d'ammon ; j'en ai compté neuf placées entre deux couches horizontales de pierre calcaire : elles étoient coupées au milieu de telle forte que la fciffure horizontale de la roche étoit continuée à travers le corps des ammonites coupées.

277. Or , fi des dépôts fucceffifs & fuperpofés de la mer avoient formé ces couches , peut-on dire raifonnablement que neuf coquillages ammonites coupés & déjà pétrifiés auroient été placés entre deux dépôts avec une correfpondance fi bien caractérifée ? Ne croyons

donc point que les dépôts de la mer aient formé ces couches même horizontales qui font les plus fimples ; mais que ces roches ont éprouvé des retraits en tous fens pendant leur pétrification, puifque les corps animaux qu'elles contenoient ont été coupés en deux là où fe font faites les fciffures.

278. Cette obfervation montre même de quelle manière & à quelle époque ont été pétrifiées ces cornes d'ammon. La vafe qui les contenoit pétrifia d'abord l'ammonite qui devint foffile & friable, & la roche, en fe confolidant de plus en plus, coupa en deux toutes les ammonites qui fe trouvèrent dans ces efpaces de *difruption*. Cette obfervation a été faite vers le milieu de la montagne de Cruffol. Le defir d'obferver d'autres faits m'obligea à monter jufque fur le haut : or, ces roches fupérieures n'ayant aucun objet étranger dans leur voifinage pour comparer les grandeurs, on juge, vers le milieu de la montagne, par illufion d'optique, qu'elles font acceffibles ; mais

lorfqu'on eſt parvenu un peu plus haut, les couches qui paroiſſoient de l'épaiſ-feur d'un pied ſont de ſix pieds de lar-geur ; & lorſqu'on eſt arrivé ſur ces roches trompeuſes, l'on ne peut mon-ter ni deſcendre qu'au péril de la vie. Je fus obligé d'y laiſſer un baromètre, & de m'accrocher à des arbuſtes. Heu-reuſement, les Amateurs qui voudront obſerver le fait (276), pourront-ils, ſans monter juſqu'au bout, obſerver la nature : les ammonites fendues par le retrait ſont vers le milieu de la monta-gne fort acceſſible, immédiatement ſous la carrière de pierre dure qu'on exploite.

Cruſſol eſt le berceau d'une ancienne & illuſtre Maiſon de ce nom, que le Vi-varais ſe glorifie d'avoir eu dans ſon ſein ; le château eſt ſitué ſur les pics inacceſ-ſibles qui dominent du côté de Va-lence ; la pente oppoſée de la monta-gne, moins rapide, eſt fortifiée de plus de vingt baſtions qui ſemblent en dé-fendre l'entrée : tous ces ouvrages go-thiques ſont fort anciens.

C'eſt ici encore le paſſage du ſol calcaire au ſol granitique. La montagne de Cruſſol domine d'un côté ſur une plaine formée de déblais entraînés par le Rhône , & de l'autre ſur des petites montagnes granitiques inférieures à celle de Cruſſol.

CHAPITRE VIII.

Superposition des différentes carrières cal-
caires ; leur formation succeffive sous
les eaux de la mer. Epoques de divers
foffiles relativement aux carrières qui
les contiennent. Premier âge : règne
des coquillages dont les analogues
n'exiftent point aujourd'hui. Second
âge : règne poftérieur des coquillages
précédens & de quelques autres dont les
femblables vivent encore. Troifième âge :
règne exclufif des coquillages vivans
aujourd'hui dans nos mers. Quatrième
âge : règne des poiffons & des plantes
connues de nos jours. Cinquième âge :
les arbres pétrifiés , les poudingues ,
les offemens d'animaux foffiles, &c.

Première partie du Mémoire lu à
l'Académie Royale des Sciences,
dans la féance du 14 Août 1779.

279. CE n'eft point fur des nuances
extérieures que nous établiffons la diftinction des foffiles pétrifiés qu'on

trouve de toutes parts dans notre province. Une méthode fyftématique &
des nomenclatures raifonnées font néceffaires fans doute pour s'initier dans
la fcience de la nature, pour diftinguer les différentes fubftances qu'elle a
formées.

Mais lorfqu'on écrit en préfence des
objets, & qu'on obferve fur les lieux
le majeftueux fpectacle de la nature,
on eft bien éloigné de cet efprit qui
imagine des claffes, des méthodes, &
qui s'attache à la feule nomenclature.

Nous ne diviferons donc point les
foffiles en genres ni en efpèces, comme
l'ont fait divers Auteurs ; mais obfervant
leurs familles dans leur totalité, nous
diftinguerons celles dont les analogues
ne vivent plus, d'avec celles dont les
efpèces vivent encore, comme dans les
plantes nous diftinguerons les efpèces
perdues d'avec celles qu'on trouve
aujourd'hui fur la furface de la terre.
L'hiftoire des foffiles obfervés en
Vivarais fera ainfi traitée felon leurs
degrés divers d'antiquité comparée ;

& non point selon la différence de leurs formes, de leurs couleurs, ou de quelques parties accidentelles.

PREMIER AGE.

Animaux fossiles dont on ne trouve plus les analogues ; ils sont logés dans la pierre calcaire primordiale.

300. Parmi les animaux marins dont on ne trouve plus les analogues, on distingue les ammonites, les bélemnites, les terebratula autrement dit *coq & poule*, les gryphytes, les entroques, &c.

301. Les ammonites que le peuple du Vivarais croit être des serpens pétrifiés, sont fort multipliées dans leur espèce. Les Romains si sages dans leurs institutions politiques, & si insensés dans leur croyance religieuse, avoient consacré ce fossile à Jupiter Ammon, d'où il a tiré sa dénomination.

L'ammonite ressemble beaucoup au nautile fossile: plusieurs Auteurs les ont souvent confondus ensemble ; leur dif-

tinction eft néanmoins fi effentielle relativement à leur ancienneté , que fans
elle on s'expofe à placer des cornes
d'ammon dans des carrières de formation récente qui n'en ont jamais contenu.

Il n'eft rien de plus commun en effet
dans les carrières calcaires un peu compactes que la corne d'ammon , & fi
l'on veut donner ce nom , comme l'ont
fait d'Argenville & autres Nomencla-
teurs , à la pétrification contournée en
fpirale , le nombre des efpèces devient
innombrable & confus. Scheuchzer en
comptoit jufqu'à cent quarante-neuf
efpèces.

302. Il s'en faut de beaucoup cependant que les ammonites foient autant
variées dans leurs efpèces ; & les amateurs qui voyagent actuellement dans
nos provinces méridionales , & qui m'é-
crivent avoir trouvé des ammonites
dans la pierre calcaire blanche , en
m'envoyant ces prétendues ammonites
comme des pièces originales & juftificatives, doivent diftinguer ces véritables
nautiles d'avec les cornes d'ammon.

303.

303. Les nautiles, il est vrai, ont beaucoup d'analogie avec les ammonites : des articulations contiguës, des cellules formées par ces articulations, un siphon qui s'étend depuis l'orifice de la coquille jusqu'à son extrémité, le système du corps de l'animal contourné en spirale, & d'autres apparences externes, caractérisent les nautiles.

304. Un corps applati ou une espèce de globe comprimé dans deux points opposés, des circonvolutions en spirale coupées par des articulations saillantes qui s'emboîtent dans l'enfoncement formé par les deux articulations voisines, caractérisent les cornes d'ammon. En voilà assez pour distinguer ce qui est véritablement corne d'ammon d'avec ce qui ne l'est pas.

305. J'ai observé la corne d'ammon renfermée seulement dans trois espèces de carrières ; 1°. dans le schiste ardoisé, sans qu'elle y fût accompagnée d'aucun autre corps fossile ; 2°. dans les roches de marbre où elle se trouvoit avec d'autres fossiles dont les animaux vivans

Tome I.   X

n'exiftent plus; 3°. dans une pierre calcaire plus tendre décrite (196), avec
plufieurs autres foffiles tels que les
moules, les cames, les peignes, les
vis, &c.

306. Les ammonites font fort variées
en Vivarais tant pour la groffeur que
pour la couleur & autres fingularités;
il y en a vers le paffage de Lefcrinet
plufieurs efpéces dont le dos eft deffiné
de divers feuillages. M. Roure, à l'Argentière, poffède le moule intérieur
d'une ammonite à fillons ronds fur le
dos, qui préfente l'empreinte la plus
parfaite que j'aye jamais vue. J'en
ai trouvé quelques-unes remplies intérieurement de criftallifations fpathiques; d'autres n'étoient pas plus groffes
qu'une lentille; plufieurs enfin ont
deux pieds de diamètre, telles entre autres celles qu'on obferve en defcendant
de Lefcrinet vers Aubenas.

307. Les gryphytes font une autre
efpèce de coquillage foffile qu'on trouve dans nos carrières vives de marbre & dans les pierres calcaires fe-

condaires (169) : on les appelle gryphytes , ou *roſtrum curvi* en la- tin , à cauſe de leur forme qui re- préſente un bec d'oiſeau carnaſſier recourbé.

308. Les orthocératites à cloiſons , les lituites ſont auſſi diſpoſées dans les mêmes carrières, & avec les mêmes com- pagnes que les cornes d'ammon & les gryphytes.

309. Les entroques qui ſe trouvent dans des eſpèces de marbre en Vivarais , ſont tellement multipliés dans une roche peu compacte ſecondaire qui eſt ſous l'Airette à Aubenas , qu'ils forment la moitié de la pierre ; ils ſe détachent aiſément de la carrière , & montrent alors toute la régularité de leurs rayons divergens.

310. Les térébratula ou *coq & poule* , dont un Naturaliſte a dit avoir trouvé l'analogue dans les mers , eſt encore ſitué dans les mêmes roches , accompa- gné de tous les corps marins dont les familles ſont éteintes.

311. Les bélemnites que quelques

Naturaliftes tirent de la claffe des animaux marins, font très-variées en Vivarais ; elles habitent des roches vives de
marbre avec tous les coquillages précédens, ou avec la plupart d'entre eux ;
je les ai trouvées dans des argiles,
dans des roches dures de poudingue,
dans la pierre calcaire fecondaire, &
enfin dans le grès le plus dur.

312. Paffez en Vivarais vers le pont de
Coux, defcendez du côté de Flaviac,
obfervez la carrière perpendiculaire
de grès qui fert de forte culée à ce pont,
& vous trouverez la roche incruftée de
mille bélemnites.

313. Ces foffiles fe trouvent quelquefois ifolés & fans roche environ-
nante. Telles les bélemnites des environs de Lefcrinet difpofées pêle-mêle
avec des blocs de pierre calcaire & granitique, & avec des ammonites, le
tout foulevé de terre & trituré par les
forces expulfives des volcans, puifque
cette pierraille & ces foffiles font tous
pofés fur des courans de lave poreufe.

314. On a cru que les bélemnites

devoient être rangées dans l'ordre minéral ; mais fi l'on fait attention qu'elles
font toujours accompagnées de quelqu'autre coquillage foſſile , excepté dans
les roches de grès du pont de Coux ;
fi l'on examine encore qu'elles ont quelque analogie avec une famille de nautiles par le fiphon qui traverfe leur axe
ou par fes alvéoles , on croira peut-être
qu'elles conviennent mieux à la claſſe
des animaux marins pétrifiés. *Voyez
ci-après la comparaiſon des foſſiles des
âges divers de la Nature.*

315. Aucun de ces animaux pétrifiés
décrits depuis (305 jufqu'à 314), ne
trouve fon analogue vivant dans la
mer ; & les carrières dans lefquelles
ils font contenus (lorfqu'ils ne font point
mêlés avec d'autres animaux dont les
analogues fubfiftent aujourd'hui) font
les plus antiques du règne calcaire ,
comme elles font le fondement de toutes
les autres : or , ces carrières fondamentales font des marbres primitifs qui
forment les crêtes des plus hautes montagnes calcaires , & qui fupportent vers

X 3

le bas toutes les carrières plus récentes.

316. Nous devons placer dans cet âge les marnes, les craies, les fchiftes ardoifés, & toutes les fubftances calcaires qui contiennent des plantes ou des animaux foffiles dont les familles vivantes ont difparu.

SECOND AGE.

Règne des animaux précédens & de quelques autres contemporains dont les analogues vivent encore dans nos mers.

317. Toutes les familles précédentes logées dans les marbres primitifs ont habité dans des carrières de formation poftérieure avec d'autres coquillages dont l'organifation eft différente. Dans le nouveau règne dont nous écrivons l'hiftoire, les foffiles offrent des changemens dans la forme de leurs corps bien différente de celle du premier âge.

318. Ces deux efpèces de familles fe diftinguent, dans les roches fecondaires de ce fecond âge, par leur organifation

comparée. On fait que les analogues de la première efpèce n'exiftent plus aujourd'hui; mais dans nos roches fecondaires nous les voyons habiter avec d'autres dont les races exiftent encore. Ces roches ont pour fondement les carrières de marbre (196).

319. Cette fuperpofition des carrières calcaires fecondes fur les marbres primitifs annonce donc une exiftence poftérieure ; & l'on ne doit point être étonné qu'elles contiennent des animaux pétrifiés dont les femblables vivent encore , mêlés avec ceux dont les races font éteintes , puifque leur exiftence eft plus voifine , dans l'ordre des temps , de l'état moderne de la nature.

320. A mefure que les fiècles fe font mutipliés , il a donc paru dans le fein des mers de nouvelles familles qui ont vécu avec les familles primordiales.

321. Des cames , des moules , des cœurs , des peignes , des nautiles , &c. font les familles fecondaires qui ont habité avec les précédentes , & partagé

X 4

l'empire des mers. On les trouve incruftées dans la roche (196) qui eft un
véritable détritus de la roche primordiale de marbre , opéré par les eaux.

322. Or , toutes ces familles dont
les analogues vivent dans nos mers ,
ont partagé l'empire aquatique avec les
ammonites , les gryphytes , & autres
foffiles de la première époque dont les
analogues n'exiftent plus , & ce fut
dans un temps auquel les races de ces
ammonites , &c. vieilliffoient & fe trou-
voient voifines de leur extinction totale,
puifque je ne les ai plus trouvées , dans
les roches fecondaires , ni auffi multipliées , ni avec les mêmes articulations
& rainures , que lorfqu'elles floriffoient
dans les premiers âges de leur exiftence;
âges dont les monumens & l'hiftoire
font confignés dans les carrières de
marbres compactes que nous avons décrits (192 & fuiv.).

323. Ici finit donc l'empire des ammonites , des bélemnites , des térébratula , des gryphytes & autres animaux
du premier âge. De nouvelles familles

vont s'élever fur leurs débris & habiter leurs domaines, en perpétuant les races des êtres organifés.

TROISIÉME AGE.

Règne des coquillages récens dont les def-
cendans vivent dans les mers ; ils font
logés dans la pierre blanche tendre &
calcaire.

324. Il n'eft peut-être aucun coquillage vivant dans la mer qui n'exifte en état de foffile dans la troifième roche calcaire décrite (197 & fuiv.) , & appelée pierre blanche : elle ne contient ni bélemnite, ni corne d'ammon , ni gryphyte , ni aucun autre foffile de la première époque (306 & 315).

325. Ces familles antiques étoient donc éteintes lorfque la pierre blanche prit fa place fur la terre : auffi cette roche fort récente dans les faftes chronologiques , puifque les cailloux roulés volcaniques qu'elle contient fuppofent des éruptions antérieures de volcans ,

eſt d'ailleurs toujours ſituée ſur les roches
(192 & 196) dans le bas-fond des
vallées ou des baſſins des fleuves.

326. Auſſi ne contient-elle que les
foſſiles les plus récens décrits ci-deſſus
(321), ou des lepas, des tuyaux de mer,
des vermiſſeaux, des limaçons, des buc-
cins, des vis, des volutes, des porcelaines, des huîtres de pluſieurs eſpèces, des
ourſins avec leurs variétés, des glands
de mer, des priapolites, des pholades,
& autres coquillages qu'on trouve dans
la mer. On voit donc que, dans les
temps modernes, les carrières plus
récentes contenoient un plus grand
nombre d'eſpèces d'animaux marins
foſſiles que les deux premiers règnes
(279 & 317).

327. Conſidérez à préſent comment
l'ordre chronologique de ces trois différens règnes d'animaux marins s'accorde
avec la ſuperpoſition & l'antiquité comparée de chaque carrière, & avec les
ſtations diverſes des mers depuis qu'elles inondèrent les plus hautes mon-

tagnes calcaires en s'abbaiffant peu-à-
peu jufqu'à leur niveau actuel.

328. Il eft conftant que les roches
de marbre occupent un efpace perpendiculaire de plus de cinq cens toifes ,
puifque les roches de marbre des environs de Gras font élevées d'environ
cinq cens trente toifes au-deffus des
roches de marbre que baigne le Rhône
entre Viviers & le Teil.

329. La mer , en fubmergeant toutes ces hauteurs & en formant ces roches de marbre primitif , n'avoit donc
alors pour habitans que des coquillages
aujourd'hui inconnus ; & ce ne fût
qu'en bouleverfant par fes courans cette
vafe immenfe , qu'elle put placer à de
fi grandes profondeurs fes cornes d'ammon , fes bélemnites , &c.

330. Les roches fecondaires décrites
(196) qui contiennent les coquillages
anciens & modernes , ne font point auffi
élevées que les précédentes. Par mes
obfervations barométriques j'ai trouvé
que la plus haute que je connoiffe eft
élevée de quatre cens toifes feulement

au-deſſus du niveau de la mer ; de ſorte
qu'à l'époque de ſa formation & à celle
de l'établiſſement des familles récentes
d'animaux marins , la mer avoit beaucoup baiſſé de ſon premier niveau.

331. Enfin, la zone calcaire de pierre
tendre dont les foſſiles ſont reconnus
exiſter dans la mer , n'a point en Vivarais un domaine de cent toiſes d'élévation perpendiculaire au-deſſus du niveau
actuel des mers : c'eſt le terrain le plus
récent qui ſuppoſe non-ſeulement l'exiſtence de toutes les carrières précédentes
ſur leſquelles elle eſt aſſiſe immédiatement , mais encore les éruptions des
volcans des ſommets de ces mêmes
montagnes , & même une durée étonnante de ſiècles néceſſaires à uſer les
cailloux roulés baſaltiques provenus de
ces volcans , arrondis par les eaux , &
inſérés dans la carrière calcaire de
pierre blanche ſituée dans le fond des
vallées inférieures.

QUATRIÉME AGE.

Les Schistes arborisés, &c.

332. Après l'apparition des montagnes submergées, au-dessus des mers, les ardoises qui en étoient la vase reçurent dans leur sein ces plantes primordiales qui paroissent aujourd'hui incrustées dans leurs carrières : elles sont totalement changées en ardoises, & il seroit fort difficile d'assigner leurs analogues modernes.

333. Or, on observe le même ordre chronologique dans les carrières schisteuses que dans les carrières calcaires solides & compactes. Les schistes situés sur le marbre offrent des cornes d'ammon : ceux qui sont plus modernes renferment des fossiles dont les analogues existent, & ceux qui sont plus récents encore montrent des plantes inconnues rarement mêlées avec celles qui sont connues. D'autres carrières inférieures donnent des plantes dont on

reconnoît les familles, les genres, &
même les espèces : enfin, les schistes
blancs, comme les carrières blanches
calcaires, renferment des cailloux de
volcan, des poissons, & autres fossiles
plus modernes.

334. J'ai observé dans le cabinet de
M. Seguier de Nismes l'insecte volant
nommé *la demoiselle* pétrifié entre deux
couches schisteuses, laissant sur les
deux surfaces l'empreinte de tout son
corps, & ce qui est plus admirable
encore, la transparence de ses aîles.

L'habitude de cet animal peut expliquer comment il s'est enseveli dans ce
schiste : on sait qu'il se plaît à roidir
sa queue qu'il trempe à plusieurs reprises en sautant sur la surface de l'eau :
or, il faut présumer que, dans ses essais,
ayant pénétré une fois trop avant,
il dut se planter dans la vase boueuse
de laquelle il ne put se débarrasser : des
courans emmenèrent ensuite d'autres
couches de vase, & l'insecte volant fut
submergé pour toujours.

CINQUIÉME AGE.

Arbres fossiles. Poudingues & brèches contenant des offemens, des dents d'éléphans, &c.

335. Nous placerons ici la formation des poudingues & territoires de transport les plus modernes, en invitant les Naturalistes qui voyageront en Vivarais à examiner l'arbre pétrifié que nous avons observé à cent cinquante pas du paffage de Lescrinet. Cet arbre eft renverfé du nord vers le midi ; il eft enfoui dans la terre & ne préfente au dehors qu'un pic dont on peut détacher des morceaux : une criftallifation a pris la place du bois & en a confervé les filons & le type ; il eft tout formé de fibres longitudinales très-bien confervées. Il eft fâcheux que ces environs foient dépourvus d'ouvriers & d'inftrumens : cet arbre lourd & friable, fi jamais quelque Naturalifte vient effayer de le tirer de ces lieux élevés, exigera

plus de travaux & de foins , qu'il en fallut au Duc de Montmorency pour conduire fur les mêmes élévations les canons deftructeurs qui devoient fubjuguer les montagnards du mont Coiron.

336. On voit en delà , fur des couches de lave poreufe, des cornes d'ammon foulevées , avec de blocs immenfes de marbre , par les forces volcaniques, du fein de la terre ; on en trouve de très-bien confervées, toutes de la nature du marbre , quelques-unes d'un très-beau rouge , d'autres jaunes fufceptibles du plus beau poli , bien organifées & articulées extérieurement & intérieurement. On obferve des pièces de bois pétrifié , des petites branches qui, coupées en morceaux, préfentent encore toute l'ancienne organifation intérieure : les branches font très-fragiles , une criftallifation générale a fuccédé à l'ancienne flexibilité végétale. Dans la coupe longitudinale du bois on voit les fibres fuivre la fection ; elles changent de direction là où la branche devient bifurquée. La coupe tranfverfale, enfin,

montre

montre toute l'organifation de la branche d'un arbre vivant, elle en fait voir
l'écorce & des rayons qui s'étendent du
centre vers la circonférence ; de forte
qu'on peut conclure que la montagne
entièrement volcanique dans l'intérieur
de laquelle on le trouve n'ayant pu former ce bois ni ces coquillages foffiles,
les forces expulfives ont dû les fouléver
de l'intérieur de la terre, & cette obfervation femble prouver que le fondement, fur lequel eft pofé le volcan, fut
autrefois végétal.

337. Or, ces lieux pofés fur les feux
fouterrains paroiffent avoir été tellement fecoués, qu'il n'eft pas étonnant
qu'il foit forti à travers les bouches
volcaniques des maffes de roches calcaires, des débris de l'ancien fol terreftre, & même des cornes d'ammon
& des bois pétrifiés qu'on trouve fur
cette partie de la montagne volcanifée
du Coiron. C'eft la feule explication,
je crois, qu'on puiffe imaginer, pour
comprendre comment fe trouvent, dans

ces lieux volcanifés, des fubftances fi
étrangères aux volcans.

338. On doit placer dans le même
âge tous les déblais pétrifiés des montagnes fupérieures, ceux qui, femblables
à ceux de Cette, fuppofent l'exiftence
des quadrupèdes dont on trouve des os
pétrifiés, toutes les carrières enfin incruftées de quelques fubftances modernes.

Ici finit la première partie du Mémoire fur la formation chronologique
& comparée de diverfes carrières calcaires du Vivarais, lu à l'Académie des
Sciences & paraphé par MM. les Commiffaires. Nous renvoyons à l'hiftoire
ancienne du globe terreftre, qui doit
fuivre cet ouvrage, la feconde partie
de ce difcours, où j'ai mefuré les hauteurs de ces carrières diverfes au-deffus
du niveau de la mer : ces vues ont un
objet trop général, pour être inférées
dans l'hiftoire phyfique d'une province.

Il eft des perfonnes qui, en fait d'hiftoire naturelle, ne croyent que ce que
leur offre un petit échantillon ; toute

conféquence tirée de deux obfervations faites en différens lieux hors de la portée de leur vue, les jette dans un état de doute & de défiance. A ces perfonnes je ne fais que préfenter un principe inconteftable qui eft la bafe de tous mes raifonnemens fur la chronologie de la formation des carrières ; je donne ainfi ce principe : *toute carrière fuperpofée eft d'une formation poftérieure à la carrière fondamentale hétérogène.* La chronologie des couches du globe n'eft donc plus un problême infoluble, lorfqu'on peut obferver cette fuperpofition.

A mefure que nous fommes defcendus du haut des montagnes, dans les vallées inférieures, nous fommes defcendus auffi, par une conféquence néceffaire, vers des monumens plus récens, & les animaux foffiles nous ont paru toujours mieux confervés, & plus analogues à ceux qui vivent encore.

339. Nous avons obfervé, outre cela, dans ces derniers, une plus grande variété, tandis que dans les premiers âges nous n'avions vu, dans les ardoifes

Y 2

les plus anciennes, que quelques em-
preintes de plantes inconnues, quelques cornes d'ammon, quelques bélemnites, &c. Voyez dans la suite de cet
Ouvrage les gravures de ces fossiles
divers, celles qui représentent des plantes connues, & celles dont les plantes
fossiles offrent de formes sans aucune
analogie avec celles de nos campagnes.

340. Dans les seconds âges on trouve
non-seulement les fossiles marins du premier règne, mais encore des coquilles
à battans, à spirale, à rayons, &c.

341. Dans les carrieres plus récentes
enfin, dans celles qui, formées les dernieres par la mer, avoisinent encore ses
eaux ou sont peu élevées au-dessus de
son niveau, tous les animaux rampans
de la Méditerranée, depuis l'écrevisse
jusqu'au vermisseau, s'y trouvent en état
de fossile : les cornes d'ammon, les coq
& poule, les bélemnites, &c. ne s'y
trouvent nulle part.

342. Je sais qu'on peut objecter con-
jecter contre ces observations, 1°. que
l'on découvre tous les jours de nouvelles

coquilles; 2°. qu'on n'a pas encore fouillé jufques au fonds de nos mers, & que l'on n'a pu en décrire en conféquence tous les foffiles contenus; 3°. qu'on a trouvé une efpece d'ammonite dans le Sénégal fur les bords de la mer; 4°. que d'autres ont trouvé des coq & poules femblables à ceux qui font foffiles.

343. Je réponds en peu de mots à ces quatre objections.

1°. On découvre, il eft vrai, tous les jours de coquillages nouveaux; mais ce ne font pas des efpeces ifolées comme les ammonites, les bélemnites, &c.; ces coquillages récemment trouvés font placés par leurs formes extérieures dans des claffes déjà connues, dont elles font une efpece, tandis que la claffe des ammonites offre une famille à part dont les individus paroiffent entierement éteints dans notre mer Méditerranée.

344. 2°. Quoiqu'on n'aye pas fouillé jufqu'au fonds de la mer Méditerranée, l'on ne peut pas conclure qu'on doive y trouver des ammonites, comme l'a écrit Linneus, &c. Les roches calcaires qui

Y 3

font dans les bas fonds du continent voifin de la mer, qui ont été formées &
inondées les dernieres de fes eaux, qui
offrent en état de foffile les reftes de fes
animaux & de fes poiffons de cet âge,
ne contiennent ni bélemnites ni ammonites. Ces contrées ont été pourtant dans
des temps affez récens le fond de la Méditerranée; la plupart ne font pas élevées de plus d'une toife ou de deux au-
deffus de fon niveau; le fol mouvant
& fabloneux qui couvre ces roches eft
même encore tellement imprégné de fel
marin, que les pluies & les averfes font
diffoudre journellement les fels aban-
donnés; on y trouve encore des fontaines perpétuellement falées: or, ces fontaines ne peuvent tirer leurs fources di-
rectement de la mer qui eft plus baffe
de deux toifes: ce fel eft donc un
ancien dépôt des eaux lorfqu'elles fub-
mergeoient ce terrein; ce fol eft donc
un ancien lit de mer; la roche calcaire
blanche inférieure en fut le fond; &
ce fond n'offrant ni bélemnites, ni ammonites, &c. démontre contre Lin-

neus, &c. que cet ancien fond ne contenoit plus ces bélemnites ni ammonites
qu'on trouve en si grand nombre dans
les carrières les plus anciennes du Coiron ; ces familles étoient donc éteintes ,
ou elles avoient quitté nos contrées
méridionales pendant que la mer formoit les pierres blanches calcaires.

345. 3°. Quand même on auroit trouvé une ammonite vivante dans le Sénégal, cette découverte ne pourroit jamais détruire l'ensemble de mes observations exposées dans ce chapitre ; il
n'en feroit pas moins vrai que leur famille feroit aujourd'hui perdue dans la
mer Méditerranée : je n'ai jamais cru ni
écrit qu'on ne puisse trouver dans d'autres climats les espèces perdues dans le
nôtre. Je prétends prouver dans le chapitre V de mon *Histoire ancienne du
Globe terrestre*, que parmi les végétaux
la plupart de ceux qui sont fossiles dans
les régions froides & montagneuses du
Vivarais se trouvent dans les pays brûlans de la Cayenne, dans les pays des
Malabares, &c. Ce n'est point ici un

Y 4

fyftême nouveau que je propofe, ni un ancien que je veux foutenir : des faits ne font point des idées chimériques: des ardoifes qui contiennent *en bas-re-lief* des plantes incruftées qu'on peut comparer à celles qui font heureufement deffinées & gravées dans le fameux *Hortus Malabaricus*, démontreront cette vérité : or, fi des plantes aujourd'hui perdues en Vivarais fe trouvent ainfi confervées chez les Malabares & dans la Cayenne, &c. des ammonites perdues auffi aujourd'hui dans la Méditerranée, pourront bien fe trouver dans un état floriffant, dans des mers éloignées des nôtres : ces objections confirment donc mes remarques au lieu de les détruire.

346. Pour me prouver que j'ai mal conclu, il faudroit qu'on me préfentât des ammonites, des coq & poule, des bélemnites, &c. obfervés dans la pierre tendre, blanche, friable & calcaire décrite (197), qui eft du troifième âge : or, dix ans de recherches dans les baffes contrées du Vivarais, dans les environs d'Avi-

gnon, Beaucaire, Cette, Nifmes, Montpellier, Aiguesmortes, &c. ne m'en
ont donné aucun indice ; j'ai pour moi
le fentiment de tous les Obfervateurs
que je connois dans la France méridion-
nal. Il eft donc un troifième âge pendant lequel les familles du premier paroiffent éteintes, & notamment les ammonites, les coq & poule, &c.

347. 4°, Je ne veux pas nier qu'on
n'ait trouvé une ou deux efpèces de coq
& poule non foffiles ; je les ai obfervées
dans le beau Cabinet de M. le Préfident de Joubert, où fe trouvent tant
d'objets précieux que ce favant Naturalifte a recueillis à grands frais ; mais
pour détruire la diftinction des trois âges
que j'ai décris, âges différens par l'hé-
térogenéité des carrières, par leur fuperpofition, par les familles de coquillages qui ont régné, il faut qu'on
me préfente autant des efpèces de coq
& poule que j'en ai tiré de foffiles de la
montagne d'Aubenas, des environs de
Villeneuve de Berc, de Vinezac, d'U-
zer, de Saint-Amant, ou bien toutes

les coquilles foffiles du nombre de cent ou environ, que M. de Joubert montre à côte de celles qu'il a trouvées au bord de la Méditerranée non foffiles.

348. En écrivant la chronologie du monde organifé aquatique, nous trouvons dans la marche de la Nature un ordre inverfe de celui qu'elle a fuivi dans la formation des minéraux. Les premiers âges des coquillages montrent peu d'ef- pèces vivantes, & les derniers âges font peuplés de tous les coquillages connus.

349. Dans l'ordre des minéraux, au contraire, les montagnes anciennes offrent les mines les plus riches; l'or, l'argent, le cuivre, le zinc, le plomb, &c. s'y trouvent difféminés en grands filons, tandis que dans les terres récemment abandonnées & formées par les mers on ne trouve que des mines ftériles; ce font moins des amas que des indices de métaux.

350. Examinez le terrein récemment formé par le Rhône, ce n'eft qu'une réunion de matières juxta-pofées: on n'y trouve aucune production nouvelle dans

l'ordre des métaux : quelques sucs lapidifiques réuniffent des amas de cailloux entraînés des hautes montagnes par les rivières latérales qui verfent dans ce fleuve : l'ancien pouvoir de la Nature femble reftraint à former quelques géodes qu'on trouve dans les environs du Rhône, & qui ne font qu'une juxta-pofition de parties à l'entour d'un noyau.

351. Voyez à Lyon les tables de roches calcaires horifontales peu compactes, qui femblent rétrécir le lit du Rhône, qui font l'ouvrage de fes dépôts, & qu'on voit à gauche du chemin qui conduit à Génêve : ces déblais de la Suiffe & des Alpes annoncent que ces roches, formées par la Nature dans ces derniers temps, fans mines & fans filons métalliques, ne font plus que l'effet d'une fimple juxta-pofition des parties par l'intermède de l'eau, juxta-pofition qui paroît être l'effet de la tendance générale de toutes les parties fimilaires de la matière les unes vers les autres, d'où réfultent, comme on le fait, tant de ma-

gnifiques phénomènes dans la Chimie moderne.

352. On trouve à la place des anciennes mines, dans les terreins récens, non-seulement les débris du monde vivant organifé, mais encore des échantillons de toute la minéralogie des montagnes fupérieures ; c'eft le rendez-vous général de tous les débris altérés de la matière organifée ; & les reftes de ces êtres vivans fe confervent, lorfque par leur folidité ils peuvent réfifter à la féparation des parties, & à la folution de continuité opérées par les grands diffol-vans de la Nature.

353. Tels les arbres pétrifiés, agatifés, dans l'ordre des végétaux foffiles.

354. Tels encore, dans l'ordre animal, les dents d'éléphans trouvées en Vivarais auprès du Rhône, les offemens foffiles que j'ai tirés du lit de l'Ardéche, & que j'ai cru être des reftes d'un fquelette de bœuf.

355. Tous ces petits faits récens rempliffent les lacunes de la chronologie de la Nature ; ils prolongent le récit de

son histoire jusques dans les âges les plus modernes ; ils complettent les cinq âges décrits ci-deſſus depuis l'inondation générale des hautes montagnes calcaires du Vivarais, juſqu'au niveau actuel où ſont deſcendues les eaux maritimes.

356. Il me reſteroit à confirmer ces obſervations locales par cinq cartes de ma province, où j'ai repréſenté les cinq ouvrages remarquables des mers depuis leur plus haute ſtation. Ces cartes encore en deſſein ont été communiquées à MM. les Commiſſaires nommés par l'Académie pour examiner cet Ouvrage. J'en dépoſerai des copies dans la Bibliothèque du Roi ou dans celle de l'Académie, on pourra y vérifier mes obſervations, meſurer les différens ouvrages de la mer, les différentes carrières ſuperpoſées & hétérogènes qu'elle a formées en différens temps.

357. On y trouve le ſite des carrières diverſes, les coupes des montagnes, le paſſage du ſol granitique au ſol calcaire, le paſſage des deux précédens au ſol volcaniſé, les éruptions qui ont eu lieu

dans quelqu'un des âges ci-deſſus écrits.
C'eſt la carte de l'hiſtoire chronologique
de la Nature dans la France méridionale qui ſera à la tête de l'*Hiſtoire ancienne du Globe terreſtre*.

358. Tel eſt le tableau général qu'offrent
les ſommets des montagnes antiques du
Vivarais & les plaines récentes formées
vers leur baſe par les eaux du Rhône
ſurtout, qui baigne les limites inférieures de cette province; la ſuite des temps,
& ſurtout des obſervations plus multipliées & des connoiſſances plus étendues
multiplieront les époques & rempliront
les lacunes ; mais elles ne changeront
point les places reſpectives des époques
que nous avons aſſignées. Nous avons
réduit ainſi à cinq règnes ſeulement
l'hiſtoire chronologique de la Nature
dans les ſubſtances calcaires, pour ne
pas nous expoſer à commettre des anachroniſmes en multipliant les époques.
Tous les faits intermédiaires & ſubalter-
nes ſeront un jour développés & rangés
les uns à côté des autres, ſelon l'ordre
des temps, comme l'on diſtingue dans

l'histoire civile des Empires celle d'un Roi d'avec celle de son successeur. Or, jusqu'à présent nous n'avons décrit que cinq règnes seulement en les plaçant selon l'ordre chronologique, comme l'historien peut placer par ordre successif les empires des Grecs, des Romains, des François, &c. sans décrire les faits particuliers & historiques de chaque nation.

OPÉRATIONS LES PLUS RÉCENTES DE LA NATURE.

Formation des terres diverses, des sables, des terres argileuses, des terres végétales.

359. L'ordre chronologique que nous suivons dans ce chapitre nous ordonne de placer ici la formation des terres & de donner la nomenclature de celles que j'ai observées en Vivarais.

360. On connoît deux fameux systèmes contradictoires parmi les Naturalistes anciens & modernes sur l'origine des terres mouvantes ; les uns croyent

qu'elles font le détriment des roches qui compofent le globe; les autres penfent que tout a été terre & que tout fe change en roche.

361. Ces deux fentimens font vrais, & leur contradiction difparoît en fuppofant que le changement de roche en terre précède le changement de terre en roche; ce qui s'accorde avec l'obfervation & avec les faits que nous allons expofer.

Terres fabloneufes.

362. Les terres fabloneufes fe trouvent dans les bas-fonds, & vers le rivage des fleuves ou des rivières.

Quelques élevées qu'elles foient au-deffus du niveau actuel de ces eaux courantes, on doit en attribuer la formation à leurs dépôts, furtout lorfque ces terreins fabloneux renferment des cailloux roulés qui repréfentent par échantillons la minéralogie des montagnes fupérieures arrofées par les branches des eaux courantes de ces rivières qui en defcendent.

Le

Le terrain fabloneux des environs de Saint-Marcel, dans le bas Vivarais, eft un fol mouvant, un refte des anciens dépôts du Rhône ; la petite plaine fituée entre cette Ville & Saint-Juft, offre les mêmes cailloux roulés, que le lit de ce fleuve qui coule aujourd'hui dans un lit inférieur de près de trente toifes.

Saint-Marcel eft une de nos petites Villes du Vivarais ; elle appartient à une ancienne Maifon de la Province, remarquable furtout par un illuftre Perfonnage à jamais célebre dans l'Hiftoire du dix-huitieme fiécle, qui a bien démontré qu'il pouvoit fortir du Vivarais, des grands génies & des Politiques profonds.

363. Les environs de cette Ville font remarquables du côté de Bourg-Saint-Andeol, par les dépôts horifontaux, ou peu inclinés du Rhône : ces dépôts font des amas de fable ou de petits cailloux roulés, calcaires ou granitiques, difpofés en couches, fouvent interrompues par des lits de terres glaife ; ces lits dominent, felon le cours du Rhône, fur

Tome I. **Z**

la pente de la côte que ce fleuve a creu-
sée à la longue.

On est d'autant mieux fondé à attribuer
au Rhône ces atterriffemens, que j'ai
obfervé entre les couches de fable, des
coquillages fluviatiles , enterrés dans
cette ancienne vafe du Rhône : mais
l'objet que je vais décrire le démontre
d'une maniere bien plus authentique.

La roche folide qui conftitue les montagnes fur lefquelles repofe ce terrain
mouvant, eft une pierre grifâtre, fouvent intraitable aux inftrumens des Ouvriers ; fufceptible de poli , &c.

Le fol granitique , qui forme nos
hautes montagnes Vivaroifes, eft éloigné des contrées que je décris de plus
de fix lieues : j'ai trouvé néanmoins
entre Saint Marcel & le Bourg-Saint-
Andeol, parmi tant d'autres décombres
entraînés par le Rhône , deux gros
blocs de granit.

364. Qu'elle force a donc tranfporté
dans ces régions étrangeres & calcaires,
ces maffes énormes qui n'ont pu être
formées dans ces lieux fi éloignés de-

leur origine, ni même dans notre Province? qui les a portées à trente toifes
au-deffus du niveau du Rhône? Quel
élément a arrondi les fragmens granitiques qui les avoifinent, & par quelles
loix chymiques l'ancienne vafe fluviatile qui fe trouve fous ces roches étrangeres, s'eft-elle pétrifiée & changée en
roche dure?

La folution de ces problêmes fe trouve
naturellement en fuppofant l'ancienne
élévation du Rhône à trente toifes au-
deffus de fon niveau actuel. Le bas
Dauphiné offroit alors une petite mer
fluviatile, il étoit inondé de fes eaux,
ce fleuve puiffant détruifoit alors la
roche folide calcaire, dont le pic de
Pierre-latte eft un dernier monument;
& femblable à plufieurs fleuves du nouveau monde, le Rhône s'approchoit de
la Méditerranée en parcourant un lit
de plufieurs lieues de large.

Voyez dans les Volumes fuivans d'autres preuves de cette affertion dans l'Hiftoire des attériffemens du Rhône, dans
celle de la Crau & de la Camargue.

C'eſt juſqu'à ces faits qu'il faut remonter pour expliquer comment le Rhône dépoſoit ſur ſon ancien lit plus élevé, ces déblais des montagnes plus élevées, & quelques anciennes que nous paroiſſent ces révolutions, elles ſont arrivées cependant en partie dans les périodes modernes de la nature, puiſque les temps hiſtoriques touchent aux derniers âges de ces formations. Le Rhône opere même tous les jours d'une maniere ſenſible, comme il opéra jadis, lorſque la roche ſolide formée par la mer fut abandonnée à ſes flots, car il faut bien diſtinguer dans ces formations récentes de dépôts, de couches de ſable & de cailloux, l'ouvrage moderne & fluviatile, de l'ouvrage plus ancien de l'élément maritime, lorſqu'avant la formation des fleuves & de leur lit, l'Océan univerſel ſe balançoit ſur la ſurface de la terre, & obéiſſoit aux loix majeures impoſées à la matiere (*); c'eſt à ces travaux plus

_____

(*) M. le Baron de Marivetz & M. Gouſſier préparent un Ouvrage dans lequel parlant de ces loix premieres, ils

anciens qu'on doit la formation des roches calcaires & granitiques ; les dépôts des fleuves n'en font que les décombres.

Convenons donc, d'après ces faits, que la roche vive calcaire du bas Vivarais, est l'ouvrage de la mer, & que le terrain fabloneux & graveleux, formé de fédimens hétérogènes, diftingué par des reftes d'animaux fluviatiles, eft l'ouvrage du Rhône, ouvrage plus récent dans l'ordre chronologique, ce qui fe démontre par la fuperpofition de ces pieces mouvantes fur la roche folide, inférieure & calcaire.

365. Les plaines inférieures de Saint-

___

déduifent les phénomènes fecondaires de la nature, la Géographie phyfique du globe, &c. Cette grande idée, la premiere en ce genre, doit être développée dans le plus important Ouvrage qu'on ait encore donné fur la Géographie du globe. J'ai dit dans mon Difcours Préliminaire qu'il paroiffoit que les Auteurs reconnoiffoient dans l'Hiftoire de la terre une augmentation fucceffive de chaleur dans fes entrailles, mais en méditant fur les vues énoncées dans leur Préface, on voit qu'ils penfent que le globe eft fujet à des alternatives de chaleur & de froid qui furent la caufe de tant de phénomènes qui ont embarraffé jufqu'à nos jours divers Naturaliftes.

Z 3

Juft, le fol fur lequel eft bâti ce village, formés par les eaux & par les dépôts de l'Ardèche, offrent un fable comminué & des cailloux à-peu-près femblables à ceux que le Rhône a délaiffés fous la ville de Saint-Marcel. Toutes les branches de la minéralogie du Vivarais font éparfes dans le gravier des bords de l'Ardèche ; j'y ai diftingué le bafalte, la lave fpongieufe, les marbres, les pierres à fufil, les roches de corne, les granits primitifs & fecondaires, &c. que j'avois obfervés fur les montagnes élevées, d'où les eaux les avoient entraînés.

Les fables de la même rivière montrent au microfcope ce que l'œil difcerne au feul afpect dans le gravier.

Ces obfervations femblent démontrer, je crois, l'origine des terres fabloneufes, la formation des vallées, le dépériffement journalier des hautes montagnes & les travaux de la Nature, pour réduire à la longue toutes chofes au niveau : c'eft la démonftration de la force de l'attraction qui, au lieu de jetter les molécules de la matière dans un repos éternel après leur réunion, multiplie au contraire tous les mouvemens & préside aux phénomènes majeurs & secondaires.

366. J'ai entre les mains une sixième carte du Vivarais, qui représente l'ancienne topographie de cette province à cette époque du monde où les eaux des fleuves de la France méridionale, inondant des montagnes élevées de cent toises au-dessus de leur lit actuel, déposèrent dans des creux & dans des cavernes des témoignages authentiques de leur ancien séjour sur ces lieux élevés, après la retraite des eaux maritimes.

367. Tels les amas sabloneux, les graviers, les anciens deblais de granits, de laves, &c. &c. qui sont sur les hauteurs du Coiron, de Gras, du Pont d'Arc, &c. &c. Voyez à la suite de cet Ouvrage le chapitre III sur la *Géographie de la Nature*, & le chapitre X sur l'*Histoire ancienne du Globe*.

TERRES ARGILEUSES,

Leur ancienne métamorphose de roche en argile, d'argile en terre végétale, de terre végétale en vase limoneuse ou en sable fin, par l'intermède des eaux courantes. Histoire naturelle d'une Terre de l'Auteur.

368. NOUS avons observé ci-dessus les travaux de l'eau, voici ceux de la Chimie de la nature dans des temps plus récens : mes observations montrent que la plupart des roches calcaires se changent tous les jours en argiles & en terre ; je suis d'autant plus fondé à assurer cette vérité, que je possède dans le territoire du Colombier une vigne située depuis le sommet d'une petite montagne jusqu'à la rivière qui est au fond de la vallée ; j'y ai observé les faits suivans plus de mille fois.

369. Du noyau granitique des plus hautes montagnes du Tarnague décrites ci-dessus ; (65 & suiv. & ci-après 468 &

fuiv.) part une chaîne de montagnes inférieures qui paffe à Prunet, à Chaffiers. La chaîne fe fubdivife ici en plufieurs branches ; l'une forme la chaîne tertiaire qui eft à l'eft de l'Argentiere, & qui fépare les eaux de la Ligne d'avec celles de Bruel ; l'autre paffe de Malet vers les Opilières, où la chaîne des roches quartzeufes s'eft changée en pierre calcaire noirâtre fort dure, & en tables fuperpofées.

370. Ma vigne occupe le penchant de cette montagne : les roches fupérieures, dures & folides dans l'intérieur de la carrière, fe changent en petits cubes, en globules, en trapéfes de la groffeur d'une noifette, vers la fuperficie de la roche.

371. Ces petites pièces féparées de leur maffe matrice, devenues ftationaires fur le penchant de la montagne & roulées peu-à-peu par les eaux, s'y altèrent davange, s'exfolient & fe pulvérifent.

372. Entraînées vers le milieu de la montagne, elles font tellement comminées, qu'il ne refte plus qu'une forte d'argile prefque inféconde.

373. Mèlangées enfin avec la bonne terre végétale de la plaine inférieure au bord du ruiffeau, elles fe tranfmuent en terreau gras, qui donne du vin exquis; leur couleur grifâtre devient alors d'un rouge noir foncé.

374. Les averfes n'ont que trop fouveut dévafté cette petite plaine inférieure; le ruiffeau a fouvent entamé le terreau fertile & changé en amas fangeux. Lavée & mondée ainfi par les eaux, je retrouvois ma bonne terre végétale changée & tranfportée en forme d'amas fabloneux dans le lit de la rivière inférieure.

Je crois devoir rapporter ici une obfervation qui m'a permis de calculer le tems néceffaire à ces roches folides pour paffer de l'état compact à l'état argileux: elle femble, je crois, fapper les fondemens des fyftêmes de quelques Chymyftes & Phyficiens qui attribuent la formation des argiles à l'opération des eaux maritimes; elle démontre ainfi un étrange anacronifme en hiftoire naturelle.

375. Je certifie donc qu'en 1725 ma vigne fut défrichée, que pour soutenir le terrain de la montagne en pente, on éleva quatre murailles l'une fur l'autre en forme de terraffes, & que les pierres qui furent employées à cette conftruction furent tirées de la roche fupérieure fort folide dans l'intérieur de la montagne, de la nature du marbre & fufceptible d'un beau poli.

Or ces matériaux ont été tellement dénaturés, qu'on voit ces pierres devenir aujourd'hui auffi pulvérulentes que la larme batavique après fon explofion. Les ammonites contenues, les tabulaires, les peignes, &c. font triturés & participent à la diffolution de la maffe qui les contient; mes murailles tombent tous les jours & fe changent en murailles pulvérulentes ou argileufes, & démontrent l'anachronifme des Chymiftes qui croyent que cette argilification fut l'ouvrage de l'eau maritime.

376. On trouve à Aubenas, vers Saint Etienne de Fontbellon, des carrières fort dures fous terre, qui deviennent

pulvérulentes en les expofant à l'air ; il faut les enduire de ciment pour les conferver : or ces carrières & les précédentes font vers le paffage du fol granitique au fol calcaire.

J'ai vu à Saint Jean de Valerifque des ardoifes tirées de la carrière & changées par l'eau en fange noirâtre. Une belle pierre grife des environs de Nifmes s'imbible tellement d'eau hors de fa carrière, qu'elle tombe en pourriture. Voilà des faits analogues aux précédens.

CONCLUSION de la Première & Seconde Partie.

277. Nous avons vu le mouvement des eaux préfider à la formation de la matiere calcaire, triturer fes molécules primordiales, les affimiler, les réunir par une juxta-pofition mécanique des parties, former les marbres primitifs, fe configurer en couches inclinées, concentriques, recoquillées, &c. par la loi du retrait. Cet ouvrage primordial a été

détruit enfuite en partie par d'autres
mouvemens de l'ancienne mer.

Les premiers êtres vivans du monde
aquatique ont paru confervés, comme
des momies, dans la plus ancienne roche
calcaire, le principe de la vie a paru fe
développer & s'étendre dans les carrieres fecondaires plus récentes, les eaux
de la mer fe font retirées; (nous exami-
nerons ailleurs, comment, par quelle
loi & à quelle époque cette révolution
s'eft opérée), le fol abandonné aux eaux
pluviales & fluviatiles a été excavé de
mille vallées, & des attériffemens dépo-
fés fur diverfes hauteurs, ont été des
infcriptions éloquentes, & des monumens de la Géographie ancienne de
nos contrées dans l'antiquité des tems.

Nous pénétrons à préfent dans des
montagnes différentes, l'objet des recherches, des doutes & des erreurs de
tant de Naturaliftes; nous en palperons
en détail les maffes granitiques, nous
monterons fur leurs pics pour les étudier
en maffes, nous obferverons leurs variétés, leurs mines, leur chronologie,

les carrieres hétérogenes qui les touchent, qui font au-deſſus, au-deſſous,
ou appuyées contre elles, nous préparant à conclure un jour quelques vérités
ſur ces roches : or, je préviens mon
Lecteur que ce ne ſera qu'après avoir
dit dans les Volumes III & IV tout ce
que j'ai obſervé, qu'on pourra conclure
ce que je dois penſer ſur ces maſſes que
j'appellerai ſouvent vitreuſes, vitriformes, vitrifiables, &c. quoique je connoiſſe la valeur de ces termes.

*Fin de l'Hiſtoire Naturelle des Montagnes Cal-
caires du Vivarais.*

HISTOIRE
NATURELLE
DES MONTAGNES GRANITIQUES
DU VIVARAIS.

CHAPITRE I.

Vue du contact immédiat de la matière calcaire avec la granitique. Voyages faits dans la vallée qui sépare les deux zones. Contact du granit avec le marbre, des schistes calcaires avec le granit, des grès avec le marbre, &c.

378. S'IL est, en fait d'Histoire Naturelle, quelques recherches importantes à faire, ce sont sans doute celles qui doi-

vent nous conduire à la connoiffance de la fuperpofition & du contact immédiat des carrières calcaires avec les granitiques, celles des fchiftes, des grès, &c.

Les granits & les roches calcaires, établiffent les deux grandes claffes de pierres ; elles forment exclufivement la charpente du globe qui n'a paru compofé jufqu'à préfent que de ces deux efpèces primordiales. C'eft d'elles que proviennent une infinité d'autres matières fecondaires ; & leur nature & leur fuperpofition comparées font, comme nous l'avons fi fouvent dit, deux monumens principaux des plus grandes révolutions du globe terreftre.

379. On fait, depuis quelque temps, fur cet objet, que les hautes montagnes font granitiques, & que les moyennes qui les avoifinent deviennent calcaires; mais ce n'eft pas encore avoir tout obfervé. Les plus hautes montagnes du Vivarais font volcanifées auffi ; mais il ne s'enfuit pas de cette vue extérieure que leur bafe le foit, puifque le granit eft leur fondement.

380.

380. Encore cette obſervation n'étoit-elle point univerſelle, puiſque la montagne de Cruſſol, très-élevée, eſt environnée de petites montagnes granitiques dont elle eſt le ſoutien. (*Voyez ci-après le paragraphe* 423).

381. Le Mont-Ventoux, d'un autre côté, eſt auſſi tout calcaire, quoiqu'il ſoit une des montagnes les plus élevées de la France méridionale : or, il eſt avoiſiné vers le nord par de petites montagnes granitiques qui lui ſont bien inférieures en élévation. Les montagnes granitiques ne ſont donc pas toujours les plus élevées.

382. Après l'expoſition de ces faits & de ces remarques préliminaires, entrons dans la vallée qui ſépare la zone calcaire d'avec la zone granitique, & dont la poſition géographique a été décrite ci-deſſus (70, 95, 96, 97).

383. Cette vallée commence vers Joyeuſe. Pour l'examiner avec attention, il faut ſuivre le chemin qui paſſe par Uzer, la Chapelle, le Pont d'Aubenas, monter vers Leſcrinet, deſcen-

Tome I.   A a

dre à Privas, au pont de Cous, vers Cheylus, Flaviac & Rompon. La vallée fe perd enfuite dans le Rhône, en verfant une petite quantité d'eau dans ce fleuve.

384. En fuivant la ligne de démarcation des deux régions dont nous venons de donner le fyftême & l'itinéraire, on trouve à droite les montagnes calcaires coupées à pic, & divifées de bas en haut en couches horizontales qui fe prolongent fort loin; tandis que les montagnes granitiques à gauche font toutes très-baffes, & ne s'élèvent rapidement vers les montagnes fupérieures d'où elles partent, qu'à une lieue de là ou environ.

QUARTZ DANS LA ROCHE CALCAIRE.

385. Je n'ai pu trouver à Joyeufe, paffage d'un fol à l'autre, le contact immédiat des deux zones; des atterriffemens ou des terres végétales mafquent la nature dans tous les environs. J'ai obfervé feulement des roches fin-

gulières fous le Calvaire à côté d'un
ruiſſeau, diviſées en couches horizontales & en d'autres perpendiculaires :
& comme la plupart de ces blocs énormes font fitués fur une pente, ils fe
font féparés les uns des autres en fuivant le penchant de la montagne ; des
fables quartzeux & un gluten calcaire
en forment la fubftance. M. de Combe
Médecin, les ayant expofées à la calcination, en a fait une chaux qui portoit avec elle une partie du fable néceſſaire au ciment.

Des environs de Joyeuſe il faut fe
rendre au pont de Montréal près de
l'Argentière, paſſer vers le Bayle, &
demander le ruiſſeau des Fées.

MARBRE EN COUCHES
SOUS LE GRANIT.

386. Le ruiſſeau dés Fées, ainfi appelé par une fuperftition populaire,
coule fes eaux dans un lieu folitaire :
il prend fa fource au deſſus de Sénilhac,
il defcend enfuite vers Montréal, &

s'unit au ruiſſeau du *Bruel*. Ses courans ont excavé un lit dans la pierre calcaire à couches ſuperpoſées, ſurmontées de diverſes maſſes de granit, qui, vers leur point de contact avec ces roches calcaires, font èffervefcence avec les acides : ils font difpofés en couches parallèles ; la plupart font calcinables comme les roches de Joyeuſe dont nous avons parlé.

387. De ſorte qu'en partant du confluent des ruiſſeaux des Fées & du Bruel, & en montant ſelon le cours de l'eau, on trouve à droite & à gauche des remparts ſouvent perpendiculaires, formés de couches de pierre calcaire, de grès & d'argile : le granit eſt au ſommet.

Tout cet édifice eſt toujours terminé ſupérieurement par des carrières de granit qui forment les hauteurs des montagnes, & qui repoſent ſur les couches précédentes. On trouve pourtant quelquefois des couches lamelleuſes d'argile entre deux. Or, cette poſition immédiate des roches graniti-

ques supérieures sur des couches calcaires est démontrée par l'aspect de
la montagne de Peiren qu'on trouve à
droite du ruisseau des Fées.

388. La montagne de Peiren est très-
élevée & très-rapide ; ses roches sont
dépouillées dans divers endroits de tout
terrain extérieur , & l'on peut appercevoir aisément la ligne de séparation
de la carrière horizontale calcaire inférieure d'avec les sommets granitiques
qui font corps avec les montagnes du Tanargues dont elles sont une ramification.

389. Les parties inférieures & fondamentales de cette curieuse montagne peuvent avoir deux cens pas de diamètre ; &
selon les observations précédentes, il paroît que cette base est toute calcaire. Pour
en être convaincu , j'ai parcouru les
concavités creusées par le propriétaire
pour découvrir une fontaine , ou pour
ravir celle de son voisin en détermi-
nant le cours de l'eau à passer dans son
fonds.

On entre d'abord dans une galerie
horizontale située vers le milieu de

Aa 3

la montagne, dans le roc vif de marbre, & l'on arrive à l'entrée d'une grotte située vers le cœur de la montagne, & dont les couches sont toutes de nature calcaire.

390. De la voûte & des parois intérieures de cette concavité pendent mille stalactites dont le jeu & les proportions sont admirables : c'est ici le bassin d'une fontaine considérable que le Mineur trouva après bien de travaux, & que son voisin perdit par cette excavation.

391. Voilà donc la base & le noyau d'une montagne formés de pierres calcaires d'un marbre le plus vif qui fait effervescence avec les acides, qui donne la meilleure chaux, qu'on peut polir, & qui supporte des carrières granitiques à grandes masses.

Du ruisseau des Fées il faut revenir sur ses pas, & passer à l'Argentière.

SCHISTES CALCAIRES SOUS LE GRANIT.

392. La ville de l'Argentière est

située dans une vallée profonde arrofée par la rivière de la Ligne.

La montagne de Bédéret borne la
vue du côté de l'Orient ; elle eft toute
calcaire vers fa bafe , & granitique vers
fon fommet, comme nous l'obferverons bientôt.

393. La montagne du Château qui
eft du côté du couchant, eft compofée d'un granit divifé en couches fuperpofées.

394. La Ville elle-même eft bâtie
fur des tables immenfes de granit , au
deffous defquelles fe trouvent des concavités fort fpacieufes.

395. Voilà encore des faits qui femblent contredire tout ce qu'on a écrit
fur l'irrégularité ou le défordre des
divifions des carrières granitiques , à
moins qu'on veuille refufer le nom de
granit à ces roches horizontales qui
laiffent partir des étincelles , lorfqu'on
les bat à coup de briquet, qui font
compofées de quartz à gros & à petits
grains , de choerl, & d'une petite quantité de mica. Revenons fous le mont
Bédéret.   A a 4

396. Le lit de la rivière, sous le chemin neuf au deſſous du Bédéret, eſt compoſé de roches de grès formées par l'eau, puiſque j'y ai trouvé diverſes bélemnites & des noyaux de pierre calcaire de plus d'un pied de diamètre : ces noyaux jaunâtres très - bien aglutinés exiſtoient donc avant la roche qui les a incorporés dans ſa maſſe.

397. A côté du chemin neuf on trouve des couches horizontales de nature calcaire qui tombent en pourriture, qui ſont coupées à pic ſur une élévation d'environ neuf toiſes ; & poſées ſur le grès décrit (296).

398. On trouve ſupérieurement une couche conſidérable de marbre vif couleur de fer, diviſé de part & d'autre en ſens longitudinal : au deſſus de cette couche ſe voit une autre table parallèle à celle-là d'argiles calcaires mêlées de quelques grains de quartz. Sur cette argile ſont ſitués, en grandes maſſes, des bancs granitiques qui, vers le voiſinage de ces argiles, font une légère efferveſcence

avec les acides, & qui ayant même perdu une partie de leur gluten, deviennent fablonneux.

399. Mais au deffus de toutes ces couches fe trouvent les vrais granits intactes, folides & vifs, faifant un feul & même corps avec les montagnes granitiques qui paffent par Chaffiers, Lutte, &c., jufqu'au mont Tanargues, noyau fupérieur de toute la maffe granitique du Vivarais.

400. Les fommets du mont Bédéret forment un plateau fur lequel font bâties les mafures de Fanjaux ; & fi l'on defcend de ces élévations du côté oppofé, l'on trouve vers le même niveau la couche calcaire au deffus du Château du Fief du Colombier.

401. Voilà donc une fuperpofition remarquable des granits au deffus des maffes calcaires, prouvée par l'afpect extérieur de la montagne coupée à pic, & obfervée dans fes deux pentes oppofées : il ne manque plus qu'à fouiller dans le centre même de cette montagne, pour être convaincu, par tous

les faits poffibles, de cette fuperpofition.

402. Les Evêques de Viviers & divers Seigneurs de la Province firent exploiter autrefois les mines d'argent de cette Ville qui en a tiré fon nom. Or, les travaux de ces anciennes mines ont été ouverts lorfqu'on a coupé à pic la pente de cette montagne, pour y faire paffer à travers un chemin ; ce qui a permis d'obferver aifément le corridor profondément creufé dans la couche calcaire pour l'exploitation des mines.

Cette allée qui s'avance dans le noyau de la montagne, couverte d'une voûte toujours calcaire, eft fituée précifément fous le grand toit granitique du mont Bédéret, ce qui décide nettement la queftion.

403. De l'Argentière paffez au domaine de Bouteille appartenant à M. Suchet : vous trouverez à gauche, en allant à la Plantade fur le penchant d'une petite élévation à cent pas de Bouteille, les matières calcaires & granitiques difpofées dans cet ordre.

Des roches calcaires au niveau du

chemin pavé, montrent diverses aspérités qui annoncent, par leur mélange
avec des argiles calcaires, qu'elles font
dans un état de décompofition. Toutes
ces fubftances font dominées par un
toit granitique qui forme la partie fupérieure ou le plateau de cette élévation.

SCHISTE CALCAIRE SOUS LE GRANIT.
MARBRE SOUS LE GRANIT.

404. En paffant de l'Argentière à
Aubenas, on trouve Chaffiers: on paffe
enfuite la rivière de Lande, on monte
vers le territoire des Brouffes où l'on
entre du fol granitique dans le calcaire
fchifteux.

Après avoir paffé le four à chaux,
on trouve, fous le village de Merzelet,
un petit ravin dont le chemin fuit les
finuofités : il faut laiffer ici les chevaux
fous une petite grange quarrée, & fuivre le cours du ruiffeau qui s'eft formé
un lit dans des couches fchifteufes calcaires, ayant deux élévations perpen-

diculaires à droite & à gauche, qui refferrent fon cours.

405. Ces couches fe recoquillent
toutes enfemble dans leur voifinage
du fol granitique : elles y perdent encore leur cohérence mutuelle, & s'appuyent fur un mur perpendiculaire calcaire formé de cette forte.

406. Inférieurement, & au niveau
du fable, fe trouve une roche de marbre de couleur de fer, très-compacte,
fans divifion horizontale.

407. Au deffus eft une couche confidérable de terres glaifes calcaires avec
des grains de quartz, furmontées enfin
d'une table de granit.

408. C'eft fur ce marbre, fur cette
argile & fous la table granitique, que
la maffe fchifteufe calcaire vient s'ap-
puyer, en terminant ici fes couches
parallèles.

COUCHES CALCAIRES INCLINÉES,
GRANIT INSÉRÉ ENTRE ELLES.

409. A Font-Bonne près la ville

d'Aubenas ; on trouve des carrières qu'on a coupées à pic pour tracer un magnifique chemin. Ces travaux ont découvert une fuite d'objets les plus curieux fur la fuperpofition des zones.

410. Après avoir obfervé des amas de pierres bafaltiques , & divers courans de lave qui ont été coupés à pic en traçant le chemin , on trouve fur la même élévation des fubftances calcaires difpofées d'une manière la plus irrégulière : viennent enfuite des couches à plan inclïné , au deffous defquelles fe trouve une table de granit inclinée dans le même fens , & fur laquelle gît la matière calcaire fupérieure.

411. Il paroît au premier abord que les couches calcaires , dépôt de la mer , ont eu pour fondement cette maffe granitique antérieure ; mais en examinant fa bafe , on la voit pofée fur un lit de terre argileufe éminemment calcaire , appétant les acides , ne pouvant pas affez s'en faturer , & produifant dès écumes épaiffes au premier contact de l'eau-forte. Cette couche

de granit inféré de cette manière en forme de filon entre des matières calcaires, fans faire lui-même aucune effervefcence avec les acides, eft fituée près d'une petite tour qui eft au deffous du chemin dans les environs de Font-Bonne. J'ai pu obferver d'autant plus aifément toutes ces fubftances & leur fuperpofition, qu'on avoit enlevé tous les déblais du voifinage pour exploiter ce granit.

GRÉS SUR LES MARBRES.

412. L'union intime des grès avec les marbres grifâtres d'Aubenas, s'obferve à quelques centaines de pas de cette Ville, en fe rendant à Saint-Etienne.

Les murailles du chemin ont pour fondement des deux côtés ce mélange curieux & unique peut-être en Vivarais. Il eft d'autant plus aifé d'obferver l'union d'une fubftance avec l'autre, qu'elles s'élevent toutes les deux au deffus du niveau du chemin, l'efpace d'environ un pied.

413. Le marbre vif & grisâtre eft la bafe de tout : il fupporte une couche de grès le plus compacte, fouvent intimement attaché avec lui. Ce grès s'infère même quelquefois en forme de filon dans le marbre, paroiffant n'en être qu'une nuance.

414. L'eau-forte, le tiffu, la couleur & une criftallifation particulière diftinguent néanmoins ces deux carrières.

L'eau-forte agit fur le marbre & n'a aucune prife fur le grès.

Le tiffu du marbre eft vif & caffant, & celui du grès d'une dureté extrême.

Le marbre eft de couleur de fer, & le grès eft jaunâtre.

415 Enfin le grès fuperpofé eft divifé en fens perpendiculaire comme les bafaltes ; il offre les prifmes les plus réguliers de quatre, de cinq, ou de fix faces.

MARBRES A PÉTRIFICATION SOUS LE GRANIT.

416. En fuivant toujours la vallée de féparation d'une zone d'avec l'autre, & en montant de Veffaux vers la gorge de Lefcrinet, on trouve dans un petit ravin fouvent à fec une continuation de la grande bande de marbre qui forme la zone calcaire du Vivarais.

Cette carrière eft farcie de bélemnites, & de cornes d'ammon de diverfes grandeurs : un filon fpathique coupe obliquement la maffe.

417. Au deffus fe trouve une roche énorme granitique fendue auffi obliquement comme la maffe calcaire fondamentale , & faifant comme elle une vive effervefcence avec les acides.

418. Ce filon qui coupe ainfi les deux carrières fuperpofées , fait effervefcence avec les acides dans toutes fes parties fituées dans la pierre calcaire : il fait effervefcence encore vers le bas de la maffe granitique ; mais à mefure qu'il

qu'il s'éloigne du point de féparation, il devient comme neutre, refufant de recevoir tout acide quelconque dans fa fubftance. Je fuis tellement fondé à affirmer que la maffe fupérieure au marbre eft granitique, que j'offre de montrer à Paris & en Vivarais ces granits fuperpofés : on fera convaincu de la vive effervefcence qu'ils éprouvent par leur contact avec l'un des trois acides.

FILON DE GRANIT DANS LE MARBRE.

419. Au deffus de Lefcrinet du côté d'Aubenas, on trouve encore, dans la même ligne de féparation de la zone de marbre d'avec la zone de granit, une fciffure énorme dans ce marbre, remplie de matière granitique qui démontre bien vifiblement que les granits fupérieurs font venus fe mouler dans cette fente perpendiculaire.

420. Il fallut donc, pour la formation de ce filon fort curieux, 1°. que la

Tome I. B b

roche calcaire exiftât avant lui ; 2°. que
la fente perpendiculaire de cette carrière matrice fe fît après la féparation
des eaux de la mer par les lois du retrait ; car fi la matière calcaire eût été
dans un état de vafe , elle fe fût mélangée par l'action du courant avec la
vafe de granit , ou avec fes grains fablonneux , comme il arriva aux roches
calcaires de Joyeufe , mêlées avec des
grains de quartz avant l'époque de la
confolidation ; 3°. que la roche de granit , en fuppofant ces trois premiers
cas , fût réellement dans un état de pâte
molle , puifqu'elle remplit exactement
toutes les finuofités de fa gangue.

Or, toutes ces vues démontrent enfin , fi je ne me trompe, l'ancienne
fluidité des carrières granitiques , &
l'exiftence antérieure des matières calcaires primordiales qui les contiennent:
& de ce qu'il arrive quelquefois, comme à Cheylus , (*Voyez ci-après* 421),
que des pierres calcaires fecondaires
font fur le granit, il ne réfulte pas de
cette obfervation que la véritable ma-

tière calcaire primordiale ait ces granits pour fondement.

SCHISTES CALCAIRES AVEC UN FON-
DEMENT DE GRANIT SECONDAIRE.

421 Du col de Lefcrinet fuivez la
même vallée ou ligne de démarcation
qui fépare les montagnes granitiques
d'avec les calcaires ; paffez de Privas
à Flaviac & à Cheylus.

Le château de Cheylus, habité jadis par
une branche de la très-ancienne Maifon
de ce nom, eft fitué fur un monticule, & flanqué de tours comme tous
les châteaux du Gouvernement féodal.

Paffez du château de Cheylus vers
le ruiffeau voifin qui baigne la bafe de
la montagne : vous foulerez aux pieds
les fchiftes calcaires pourris, qui con-
duifent vers le pied de la montagne
granitique qui eft en face.

Le fchifte calcaire lamelleux, en
s'approchant du fchifte granitique à
couches confufes, s'éleve rapidement :
fes couches ci-devant horizontales font

B b 2

poſées ſur le penchant de la montagne granitique ſchiſteuſe, qui paroît en être le fondement.

422. Le ſchiſte calcaire n'eſt point intimement uni avec le ſchiſte graniteux.

Il fait efferveſcence avec les acides, & celui-ci n'en fait aucune.

SCHISTES GRANITIQUES SUR LE MARBRE VIF.

423. J'ai fait à Cruſſol les dernières obſervations ſur le contact immédiat du granit avec les matières calcaires. La montagne de ce nom, d'un beau marbre vif, griſâtre, diviſé en grandes couches, eſt environnée de petites montagnes de nature granitique, ſur leſquelles ſont ſitués le village de Saint-Perray & le château de Beauregard.

424. Or, ces montagnes fort peu élevées ſont appuyées ſur le penchant de la haute montagne calcaire de Cruſſol : elles ſont toutes d'un granit ſchiſ-

teux , peu cohérent dans fes parties conftituantes , & divifé en mille fens divers.

425. Le paffage immédiat d'une zone à l'autre a été obfervé de cette forte dans un ravin qui eft entre Saint-Perray & Cruffol. La montagne calcaire de forme inclinée coupe à angles droits la face de la montagne fchifteufe graniti- que qui lui eft fuperpofée , & ici font placés les termes de l'un & de l'autre règne.

426. De toutes ces obfervations il réfulte, 1°. que le quartz eft renfermé , fous Joyeufe , dans une gangue calcaire ; 2°. que le granit eft pofé fur des cou- ches calcaires très-vives dans la monta- gne de Peyren ; 3°. qu'à l'Argentière le grès formant le lit d'une rivière eft fous des couches calcaires pourries , & celles-ci fous des couches diverfes de marbre , d'argile , de granit fablonneux , & enfin de granit vif & compacte , fuperpofées felon cet ordre ; 4°. que, fous Merzelet , le marbre vif fupporte des terres glaifes mêlées avec le quartz ,

& enfuite un granit fupérieur qui, ne faifant enfemble qu'un monticule un peu incliné, foutiennent des maffes fchifteufes calcaires dont les couches font penchées comme le fol fonda- mental ; 5°. qu'à Font-Bonne, fous Aubenas, une couche inclinée de granit eft fituée entre deux couches de glaife calcaire inférieure & de roche calcaire fupérieure, inclinées à l'horizon ; 6°. que le grès repofe, fous Aubenas du côté de Saint-Étienne, fur le marbre & qu'il s'eft moulé dans fes filons ; 7°. que fous Lefcrinet le marbre eft fous la roche granitique ; 8°. qu'à Cheylus des fchiftes calcaires font pofés fur des roches gra- nitiques ; 9°. enfin, que le granit pourri eft à Cruffol fur le marbre vif de la montagne de ce nom.

427. Les Naturaliftes qui ne liront que ces obfervations croiront qu'elles tendent à ruiner le fameux & vraifem- blable fyftême de Leibnitz fur la nature vitreufe du noyau de la terre ; fyftême que M. le Comte de Buffon a revêtu des plus beaux ornemens dans *les Epo-*

ques de la Nature, ouvrage que l'Auteur a eu la bonté de me communiquer, & qui doit paroître dans peu de jours.

428. Mais fi l'on fait attention que nous avons obfervé des volcans entiérement affis fur des roches calcaires à grandes couches, & que les forces expulfives fouterraines ont projeté des matières vitreufes, des blocs énormes granitiques, &c., on fera convaincu que ces derniers faits viennent à l'appui des opinions de Leibnitz & de M. de Buffon, & qu'il faut réellement que les concavités profondes du globe foient de nature vitreufe, puifque les volcans en foulèvent des maffes intactes, & puifque leurs laves ne font elles-mêmes qu'un verre déguifé, comme nous le verrons dans l'hiftoire naturelle des volcans.

M. Ferber a obfervé dans les montagnes de la Styrie le paffage d'une zone vitrifiable à une autre calcaire ; il dit dans fa première lettre fur la minéralogie de l'Italie, de la traduction du favant Baron de Dietrich correfpondant de l'Académie des Sciences de Paris , que les montagnes de la Styrie inférieure & celles de la Carniole font formées de couches horizontales pofées fur des *fchiftes argileux* ou ardoifes bleues ou noires mélangées avec le quartz , le mica & l'argile. *Ce fchifte* s'étend fans interruption fous ces montagnes calcaires à couche ; il s'élève quelquefois au-deffus du rez-de-terre , & s'enfouit de nouveau fous la pierre calcaire. De forte que par ces obfervations il confte que le fchifte vitrifiable eft la bafe de la matière calcaire, comme je l'ai obfervé à Cheylus en Vivarais.

A *Pégau* , dit encore M. Ferber , les mines de plomb font attaquées par trois puits & trois galeries , ce minéral confifte en une galène à petits grains *avec du fpath calcaire & du quartz*. Il eft difpofé par veines qui ont pour toit & pour mur le même fchifte bleu argileux , fur lequel repofent les hautes montagnes calcaires : ces mines ont été ouvertes à-peu-près dans la ligne horizontale où la pierre calcaire eft pofée fur le fchifte , formée d'un grain ferré & contenant quelques pétrifications.

M. Lehmann, favant Minéralogifte, a obfervé les mêmes pofitions ; de forte que les Naturaliftes ont tous conclu , d'après ces remarques , que les fchiftes granitiques font fitués fous les matières calcaires : mais comme ces Savans ne parlent que de ces *fchiftes* qui font une véritable pierre vitriforme de feconde date , & compofée d'autres pierres qui exiftoient auparavant ; comme il ne paroît, par aucune de leurs recherches, qu'ils aient trouvé le granit primordial au-deffous , (puifqu'ils diftinguent les monts granitiques d'avec les monts fchifteux) il s'agit d'expliquer comment il eft arrivé que ces fchiftes , détritus des roches granitiques que nous avons trouvées fur des marbres , font eux-mêmes le fondement des carrières calcaires.

429. Il eft conftant qu'il exifte des carrières calcaires de diverfe date ; il eft conftant encore qu'il s'eft écoulé un laps de fiècles étonnant depuis la formation des premiers bancs de cette efpèce , jufqu'à ceux que la mer a produits dans les temps modernes.

430 La seule vue du volcan de Saint-Loup d'Agde démontre cette vérité : ses laves poreuses sont mêlées, jusqu'à une certaine élévation, avec des terres calcaires, & leurs vacuoles sont remplis de spaths calcaires. Ces spaths sont un reste de la matière terreuse tenue en suspens par les eaux maritimes, & déposée dans ces petites loges de lave poreuse, tandis que les terres calcaires mélangées sont un reste de la vase maritime mêlée avec les courans soumarins de lave. *Voyez ci-après la description de ce volcan dans mon Voyage Minéralogique dans le diocèse d'Agde.*

431. Or, si la mer a apposé de matières calcaires (avant sa diminution jusqu'au niveau où elle est aujourd'hui) sur un terrain si récent, ne soyons point étonnés que les carrières schisteuses granitiques que les eaux des pluies & des rivières avoient formées de déblais des vrais granits, étendues dans le sein des mers, soient devenues le fondement des matières calcaires de seconde date, comme les laves des volcans ont été le

fondement, en Italie & en Languedoc, des dépôts maritimes les plus modernes.

432. Je n'ai jamais trouvé d'ailleurs, malgré tant de recherches, le marbre vif qui eſt la roche calcaire primitive, ſur ces ſchiſtes-granits; j'ai trouvé plutôt ces ſchiſtes poſés ſur ces marbres antiques, & notamment à Cruſſol. Il faut donc convenir que, pour avoir obſervé les ſchiſtes granitiques ſous les couches calcaires de date récente, l'on ne doit pas conclure qu'ils ſoient les fondemens naturels de la matière calcaire en général, comme l'on ne doit pas conclure, par la même raiſon, que les laves qui portent ſur elles des dépôts de la mer ſont les fondemens naturels des carrières calcaires : exemple analogue qui confirme d'une autre manière mes obſervations.

435. Les bancs de pierres calcaires ſituées ſur les courans de lave & ſur les ſchiſtes granitiques déblais de la matière vitreuſe primordiale, ne doivent donc cette poſition qu'à des accidens particuliers de la nature, & à des cauſes

fecondaires , puifque ce ne font que deux fubftances de date récente qui fervent l'une & l'autre de monumens pour déterminer leur date refpective dans les annales phyfiques du globe terreftre , tandis que tous les faits rapportés depuis (385 jufqu'à 425) démontrent que la maffe totale vitreufe eft pofée fur des montagnes calcaires. Enfin nous nous fommes attachés à donner l'itinéraire le plus aifé à mefure que nous avons donné les defcriptions, pour qu'on puiffe vérifier toutes ces obfervations fur les lieux.

CHAPITRE II.

Des mines du Vivarais qui se trouvent dans la ligne de démarcation qui sépare la zone granitique d'avec la zone calcaire.

434. VOici la véritable place de l'histoire des mines qui affectent de se trouver dans le passage du sol calcaire au sol granitique. La galène ou plomb & argent, l'antimoine, le fer en grains, &c., se trouvent dans la vallée dont les montagnes méridionales font calcaires, tandis que celles du nord font toutes vitriformes.

435. Le caractère particulier de toutes ces mines, c'est d'avoir des filons dont les directions varient dans le passage de la roche calcaire dans la roche granitique : observation qui annonce une *déviation* remarquable des forces de la nature dans la formation des minéraux des différentes zones.

436. Par la même raifon la mine eft quelquefois granulée dans la roche vitreufe , tandis qu'elle eft à filons dans la roche calcaire , & *vice verfâ* ; mais toujours il y a une différence extrême du minéral calcaire au minéral granitique , quoique ce foit la même mine.

Parmi tous ces minéraux ceux de l'Argentière méritent fans doute le premier rang : c'eft une galène à petits grains qui a pour gangue tantôt les roches fpathiques & tantôt les quarzeufes.

La matière argentine eft peu abondante dans les roches fpathiques : la galène y eft divifée en lames parallèles horizontales ; elle a pour toit des tables immenfes de roche granitique qui communiquent avec les montagnes de cette nature , fupérieures à la zone calcaire , tandis que la maffe inférieure calcaire eft prolongée fous les montagnes de granit , tout le long de la rivière , comme je l'ai écrit.

437. On vient d'ouvrir un chemin fous la montagne de Bederet , qu'on a

élevé au-deffus de la rivière , & les excavations perpendiculaires ont préfenté quelques traces de galène : le minéral s'offre fous une couleur gris de fer , & paroît mériter peu d'attention : le fpath, qui en eft la gangue, eft un peu terni , & il femble que de nouvelles petites aiguilles latérales commençoient à fe placer fur les principales lorfque la mine a été ouverte , & par conféquent , que les criftallifations fecondaires ont été interrompues dans leur formation. Quoi qu'il en foit, ces nouveaux criftaux font très-menus , & leur bafe eft plantée fur les côtés des quilles principales.

438. La mine de l'Argentière renfermée dans le grès vif poffède tout le plomb néceffaire à fon affinage. On fait combien grand eft cet avantage lorfqu'on fe rappelle que, forti des mains de la nature, l'argent à befoin de paffer par l'épreuve d'un feu très-violent qui fépare ce métal d'avec toutes les matières terreftres dans lefquelles il fe

trouve enveloppé, pour être converti en un métal doux & malléable.

Or, le plomb opère cette féparation du pur d'avec l'impur, il en facilite la fonte, & fcorifie toutes les matières étrangères en fe fcorifiant lui-même avec elles ; il furnage pendant la fonte à l'argent que le poids fpécifique de fa maffe détermine vers les lieux inférieurs.

Nos mines d'argent de l'Argentière fe trouvant donc en poffeffion de tout le plomb néceffaire à cette opération, préfentent les mêmes avantages que la mine, par exemple, de Ramelsberc en Saxe, & autres qu'on exploite, à caufe de cette préparation naturelle, avec le plus grand avantage.

439. Je crois même que les conca-vités appelées *Baumes de Viviers* au-deffus du château de l'Argentière, con-tenoient quelques filons de ce minéral, puifque j'en ai trouvé dans ces grottes des indices, & fur-tout dans une efpèce de tuyau fort étroit où l'on peut à peine pénétrer, & qui paroît avoir été un véritable filon de mine, s'il faut en

juger

juger par quelques reftes de minéral
que j'en ai tiré.

440. Dans le ruiffeau de Roubreu,
dans la rivière de Lende & dans celle
qui baigne la ville de l'Argentière,
j'ai trouvé l'argent en végétation &
l'argent capillaire.

Cette dernière efpèce n'eft qu'un amas
de fils menus mêlés enfemble & entor-
tillés, fans être bifurqués. Une feule
branche paroît avoir formé le tout ;
par-tout on voit la même épaiffeur ; on
diroit que cet argent a paffé par la
filière, fi d'ailleurs il n'étoit très-aigre
& caffant, & par conféquent encore
brut & furchargé de fubftances terreftres
hétérogènes.

441. L'argent en végétation eft de
même nature que l'argent capillaire
dont nous venons de parler ; dans
l'un & l'autre on obferve la même
qualité caffante & la même couleur
extérieure par le microfcope ; mais
l'argent en végétation diffère du précédent par fa forme, car il fe préfente
comme un petit arbriffeau dont les

Tome I. Cc

branches partent d'un tronc commun :
ses dernières ramifications n'ont point
été conservées ; diverses corrosions ou
divers chocs contre des corps voisins,
ont retranché les plus petites pointes
& les extrémités de ces branches même.
L'argent en végétation, au reste, & l'argent
capillaire sont toujours enracinés
dans les roches de quartz , comme les
arbres dans la terre.

442. J'ai trouvé encore dans le roc
vif au-dessous de Tauriers du côté de
Joanas de très-petites lames d'argent
insérées dans la substance même de la
pierre , à-peu-près comme le mica se
trouve inséré dans le granit : l'argent
paroît d'une très-belle couleur naturelle
lorsqu'on coupe un bloc de ces rochers.

443. On trouve de semblables roches
entre Chassiers & Tauriers dans
un vallon très-profond formé par la
rivière de la Ligne ; de sorte qu'on
peut dire que les territoires de l'Argentière
, Tauriers , Chassiers , &c.,
contiennent encore les mêmes mines
d'argent que dans le douzième siècle ;

qui furent négligées seulement à l'époque des guerres de religion.

444. D'après tout ce que nous avons
dit ci-deffus, on voit que l'argent fe trouve dans le même territoire fous plufieurs
faces différentes; qu'il eft combiné avec
le plomb dans le territoire calcaire ,
mélangé avec le granit dans le terrain
vitrifiable , & arborifé dans les géodes
ou fentes quartzeufes : or , ces trois variétés ou ces trois diverfes combinaifons
fe trouvant dans un territoire affez
étendu compofé de matières calcaires
& vitrifiables , montrent l'opération
de la nature qui minéralifé ce métal
fous plufieurs formes dans ces deux
départemens.

445. On obferve dans les environs
de l'Argentière les débris des anciens
travaux des mines ; j'y ai trouvé quelques aiguilles d'argent : on fait que les
anciens mineurs n'étoient pas très-
éclairés dans l'art de traiter ces matié-
res, & qu'on trouve fouvent aujourd'hui,
dans les reftes de leurs travaux , du
minéral en abondance.

Cc 2

446. Le vitriol bleu se trouve tout formé dans la vallée qui conduit à Lescrinet; après avoir passé Vessaux, il est avoisiné de pyrites qui tombent en décomposition.

447. En descendant par la grange de Madame, sous Lescrinet, vers la ville de Privas, on trouve dans des roches calcaires qui avoisinent les montagnes vitriformes, la mine de plomb en chaux très-friable; elle se pulvérise entre les doigts; elle est encore toute composée de molécules calcaires, car elle fait une vive effervescence avec les acides qu'elle absorbe avec beaucoup d'avidité.

440. Au-dessous de Rumpon & dans la vallée qui sépare la montagne du côté du Rhône, qui est calcaire, d'avec celles du couchant qui sont vitriformes, se trouvent des indices de mine d'antimoine; j'en ai vu à longues aiguilles cunéiformes d'un blanc sale & un peu grisâtre, peu compacte dans ses parties, avec toute la fusibilité connue dans ce minéral.

Dans le nombre des différentes mines du Vivarais connues jufqu'à ce jour, celles de plomb dominent fur toutes les autres ; dans nos roches vives granitiques, il eft prefque pur & en cubes ; dans les pays calcaires & vers le voifinage des montagnes granitiques, il fe trouve en grains natifs ; dans la ligne de féparation d'une zone d'avec l'autre, il eft mêlé avec l'argent, &c. &c.

CHAPITRE III.

Des Elémens en général. Difficulté de trouver la matière élémentaire terreftre. Les Roches quartzeufes font les fubftances les plus femblables à cette matière première. Vues générales fur la matière quartzeufe vitriforme du globe terreftre.

L'Action des élémens les uns fur les autres, eft le principe de tous les phénomènes du monde phyfique : c'eft un tableau qui repréfente en grand toutes les opérations artificielles des Chymiftes.

449. Les Philofophes ont admis quatre élémens, le feu, l'air, l'eau & la terre ; mais il exifte encore dans la nature une cinquième fubftance, la matière animale, que quelques-uns ont dit être un agrégat des quatre précédentes, fans faire attention que les phénomènes de cette cinquième portion du

monde, font bien différens de ceux des précédentes.

La matière animale, il est vrai, s'allie très-aifément avec tous les autres élémens ; elle forme des corps organisés, des roches calcaires qui font un compofé d'eau, de molécules animales fixées, de matière terreftre primitive, &c. &c. Or, dans cette roche fécondaire, les élémens primitifs qui la compofent font tellement altérés, qu'il a fallu toutes les obfervations des Savans qui nous ont précédé, pour décrire fon hiftoire, & pour affigner fon origine.

450. Cette matière animale circule, même de nos jours, dans tous les élémens. Les animaux ont befoin, pour vivre & fe propager, de fe placer dans un degré de chaleur dont l'intenfité foit analogue à leur conftitution ; & c'eft d'après cette conftitution, que chaque famille choifit le degré qui lui eft propre.

Ainfi, l'ours peut habiter fur les fommets glacés des montagnes, tandis

que l'éléphant choisit les zones brûlantes du globe. L'air que les animaux
respirent leur conserve le principe de
vie : l'eau s'infiltre dans leurs vaisseaux,
une terre infiniment divisée qui se trouve dans leurs alimens, s'incorpore peut-
être dans leurs organes, & le feu donne
ensuite le principe vital à tout l'édifice organique. Ces élémens combinés
forment la partie méchanique de l'animal, le jeu & l'activité propres à l'être
organisé en font le résultat, tandis
qu'une ame sensitive ou spirituelle en
forme un homme ou une brute, &
préside aux actions qu'elle a conçues,
ou qu'elle a appétées.

Les êtres organisés ou leurs débris
se trouvent donc dans tous les élémens;
ils circulent même les uns dans les
autres ; & je n'ai rapporté ces transla-
tions, que pour montrer l'impossibilité
d'assigner la matière élémentaire pure sur
la terre, qu'on avoit cru trouver dans
les montagnes granitiques.

451. Toutes les difficultés qui s'op-
posent à l'entreprise, viennent de ce

que la terre élémentaire étant le plus
pefant de tous les élémens , doit être ,
felon les lois de l'attraction qui les domine tous enfemble , le noyau central
de tous les autres qui dans le principe
ont dû s'arranger en couches pofées
fur lui en raifon réciproque de leur
maffe. De là la fituation des matières
calcaires fur le noyau fans doute vitriforme de la terre , & enfuite de
l'eau & de l'air fuperpofés.

452. Or , ces deux derniers élémens
doués par leur nature fluide d'une
grande mobilité, agiffant & réagiffant
fans ceffe depuis l'antiquité des temps
fur ce noyau , l'ont tellement dégradé ,
que fa croûte extérieure n'eft plus la
même , à caufe de fon mélange avec
tous les élémens combinés , & fur-tout
avec la matière animale , comme nous
l'avons vu dans les roches calcaires.

453. L'élément de terre primitive
eft donc néceffairement , à caufe de fa
maffe , dans un véritable état paffif relativement au feu , à l'air & à l'eau.
Mais cet état ne détruit pas néanmoins ,

dans fes parties , la tendance qu'elles
ont les unes vers les autres , puifque
malgré l'interpofition des autres élémens , nous verrons la terre , dans fa
dégradation de l'état primitif , acqué-
rir , dans les temps modernes de la nature , une dureté qui imite , en quelque
forte , fa dureté primordiale.

454. Mais avant d'en venir à ces
phénomènes récens , tâchons de confidérer quelle peut être cette matière
terreftre , primitive , dégagée de tous les
autres élémens , pure & homogène dans
fa conftitution , & propre à devenir le
principe ou la bafe de la matière calcaire & autres fubftances terreftres les
plus modernes.

455. Une pierre compofée doit
être d'abord éloignée de ce concours :
elle fe place elle-même dans les créa-
tions poftérieures , en offrant les parties hétérogènes qui la caractérifent :
or , une matière quelconque compofée
fuppofe trop de faits modernes , pour
être placée au faîte chronologique.
Eloignons donc nos regards des pierres

calcaires , des grès , des granits & de toutes les matières quelconques que l'homme peut fouler aux pieds. Elles font trop expofées aux injures du froid & du chaud, à l'action des matières animales , à la percuffion de l'air & de l'eau , & la croute du globe a trop éprouvé de révolutions , de mélanges , d'inondations , d'incendies , de ravages généraux ou partiels , pour trouver fur fa furface cette matière primordiale.

456. Mais faut-il donc renoncer à découvrir cette fubftance première? Je crois qu'une réponfe affirmative feroit la plus fage ; mais fi l'on fait bien attention à tout ce que j'ai dit fur cette matière première , on conclura que s'il eft difficile de la trouver , il eft au moins plus aifé de trouver celle qui en approche le plus ; & comme les élémens actifs l'ont dégradée , il faut, je crois , rechercher les matières fur lefquelles les élémens ont le moins de prife. Nous aurons alors , fi non la matière première , au moins celle qui en

approche le plus , ou celle qui est la première substance décomposée , ou provenue de la substance primordiale.

457. La matière calcaire beaucoup plus récente en formation , (puisque l'eau , l'air & la matière animale en font les principes) , ne sauroit obtenir ce premier rang. Les mines & les matières fusibles ne font point encore cette matière première , puisque le feu le plus léger les dénature , & qu'elles s'allient avec tant de substances hétérogènes.

458. Le granit n'est point encore la matière première , puisque je viens d'apprendre que de savans Académiciens de Paris l'ont fondu avec le célèbre instrument de Tschirnhaus (*) , tandis que le diamant , matière qu'on avoit cru la plus compacte , a été détruit par

(*) M. Macquer vient de me confirmer dans cette idée , en publiant le Journal des expériences faites avec cet instrument. *Voyez Dict. de Chymie , VERRE. Art. des pierres & terres.*

le feu , felon les expériences de l'Empereur François I... MM. d'Arcet, le Comte de Lauraguais, Godefroi, Macquer,
Cadet , Rouelle , Lavoifier , &c. ,
Chymiftes dont on connoît l'habileté ,
ont démontré enfuite, par les plus belles opérations, que cette fubftance la
plus pure , la plus homogène, & la
plus compacte , eft deftructible par le
feu.

459. Les grès aglutinés par des in-
filtrations calcaires , les fchiftes à fofliles , & les autres matières de même date
ne paroiffent pas être les premières
fubftances terreftres, par la même raifon ; mais les agates, quelques pierres
précieufes , la plupart des matières
quartzeufes pures , les filex , qui font
les fubftances les plus indeftructibles ,
paroiffent s'approcher davantage de
cette matière terreftre primordiale.

460. Encore faut-il croire qu'elles
en font fort éloignées, fi l'on fait attention que l'eau fut l'intermède à
l'aide duquel ces matières reçurent leur
criftallifation. Cet élément, à force de

manier les molécules provenues du détritus de la matière primordiale, leur permit de cohérer & de se réunir en un corps solide, & ce mélange se fit dans des temps modernes de la nature, puisqu'il suppose l'existence au moins *coétanée* de plusieurs minéraux, tels que le fer ou autres qui colorent souvent l'intérieur de ces verres, sans parler de tant de mines dont ils sont la gangue.

461. Les matières quartzeuses, substances les plus pures que renferment les granits, ne sont donc point cette matière primordiale, comme on l'a cru; elles en seroient tout au plus le premier détritus opéré par l'eau qui, en les tenant en dissolution, leur permit dans la suite de s'assimiler, de se balancer entre elles, & de se réunir en une seule masse.

462. Il n'est donc pas possible de la trouver en masse cette matière première, cet élément de terre qui soit *sui juris*, qui soit élément sans la participation ni le secours des autres élé-

mens, qui ne change pas de nature par leur action, qui réfifte à leurs efforts, & qui exifte indépendant, comme l'air exifte ou peut exifter fans eau & fans terre, ou comme l'eau peut exifter fans terre & fans air; car il ne paroît pas qu'il foit de l'effence de l'eau d'être féléniteufe, d'avoir de l'air difféminé dans fa maffe; tout cela eft accidentel, la pureté & l'homogénéité conftituent l'élément. Tirons donc du premier rang ces quartz & ces granits que nous verrons fe former dans les âges les plus modernes de la nature.

463. En approfondiffant encore davantage cette matière, on voit que l'élément terreftre primordial peut être diaphane, puifque tout ce qui eft très-homogène, comme l'eau, l'air, le verre naturel, tel que le quartz qui s'approche le plus en nature de cette fubftance, conferve cette propriété qui paroît réfulter de ce que la lumière étant une fubftance infiniment divifée, infiniment mobile relativement aux divifions & à la mo-

bilité que nous connoissons dans les corps qui nous environnent , les molécules lumineuses & actives entrent rapidement entre les espaces du verre élémentaire , qui ne sont point occupés par des substances hétérogènes ; elles ne se perdent ensuite qu'à des profondeurs dont l'éloignement est en raison de l'homogénéité des parties constituantes.

464. L'eau & le feu peuvent combiner les terres de manière qu'elles imitent en quelque sorte le verre primitif de la nature.

Nous verrons l'eau produire les quartz & quelques roches quartzeuses : nos Arts ont même imité cette antique opération de la nature , puisque j'apprends dans le moment qu'un grand Chymiste a formé des cristaux quartzeux par l'eau, l'air fixe , &c. ; & peut-être ce premier essai doit-il être suivi d'un grand nombre de découvertes qui dévoileront les mystères opérés dans la formation des granits & des autres substances quartzeuses.

465.

465. Le feu est le second élément qui forme les verres factices ressemblans au verre naturel quartzeux ; mais cet élément entre les mains de l'homme est encore incapable de produire ces verres *premiers* ou quartzeux , & le Chymiste ne sait encore se servir de ce verre primordial , qu'en le mélangeant avec des matières alcalines ou animales , pour imiter la nature. Le quartz exposé à nos feux factices a pu seulement s'étonner , se fendre , & décrépiter sous la main du Chymiste : il a fallu recourir à des adminicules , pour opérer la vitrification. Encore nos verres factices sont-ils bien éloignés de cette perfection des verres naturels : on en a vu se fendre à l'air libre (*) ; ceux-ci se pul-

---

(*) M. le Baron de Servières, de plusieurs Académies , doué de toute la sagacité nécessaire aux grandes découvertes , a observé le premier un verre exposé à l'air libre , se fendre de lui-même. Il travaille à l'Histoire Naturelle , politique & économique du Gévaudan.

vérifent , d'autres font alcalíns , témoin M. Cadet , l'un de nos plus grands
Chymiftes , qui ayant broyé les verres
les plus purs , en a décompofé la pouffière par les acides.

CHAPITRE IV.

Géographie phyſique des montagnes gra-
nitiques du Vivarais. Des angles
ſaillans & rentrans : des cauſes occa-
ſionnelles qui les produiſent. Premiers
linéamens des angles ſaillans & ren-
trans opérés par les eaux courantes.
Les angles ſaillans exiſtent-ils en
Vivarais ? Du ſyſtême de Bourguet.

466. ON eſt ſaiſi d'étonnement lorſqu'en parcourant les hauteurs des montagnes granitiques du Vivarais, on obſerve du bas des vallées tant de pointes
ſaillantes, chauves, arides, dénuées
de terre végétale & de toute verdure,
qui dominent ſur la tête des voyageurs.
La Nature, dans cet état de dépouille-
ment, inſpire, dans ces vallées, je ne
ſais quel ſentiment de triſteſſe qui éloi-
gneroit de ces enfoncemens ſolitaires
tout obſervateur, ſi cette nudité &

D d 2

l'excavation des vallées dans le roc vif ne décéloient ſes ſecrets.

467. Mais à meſure qu'on s'élève juſque ſur les plateaux ſupérieurs, & qu'on domine ſur toutes les contrées du voiſinage, en grimpant ſur les crêtes aïguës les plus élevées, on ſent, pour ainſi dire, ſon exiſtence s'agrandir avec le domaine des ſens, & l'on ſe plaît à obſerver en grand toutes les contrées qu'on a conſidérées en détail dans le pays inférieur.

468. Le grand Tanargues forme le noyau ſupérieur de pluſieurs chaînes de montagnes (décrites 65 & ſuiv.): de larges & profondes vallées, dont les eaux tendent vers la Méditerranée, partent de cette élévation, tandis que les pentes oppoſées qui donnent des eaux à l'Océan ſont beaucoup plus reſſerrées & moins rapides.

469. La Loire, par exemple, coule, en pluſieurs endroits, dans des lits excavés en forme de précipices, & la rivière de Borne qui verſe auſſi vers l'Océan, s'engouffre entre des monta-

gnes efcarpées d'un afpect le plus pittorefque.

470. Tel le précipice du *bout du monde*, ainfi nommé par les MM. des Chambons. J'ai bien vu des régions montagneufes & d'un afpect effrayant, mais je n'ai jamais vu tant d'horreurs. De l'Abbaye des Chambons on monte fur une petite montagne vers le couchant, & après avoir grimpé l'efpace d'un quart-d'heure, & obfervé quelques roches granitiques entaffées pêle-mêle, on fe trouve tout-à-coup au bord d'un précipice effroyable d'environ cent toifes de profondeur. Ici la roche vive eft coupée verticalement, & domine fur le confluent de deux ruiffeaux dont les actions réunies ont excavé à la longue ces roches vives, & formé toutes ces horreurs.

471. La vallée de Borne, dans laquelle ces deux ruiffeaux fe précipitent de cafcade en cafcade, eft hériffée à droite & à gauche de plufieurs milliers de pointes granitiques d'un afpect le plus fingulier. On croit appercevoir

une vafte & fombre forêt de troncs d'arbres dépouillés de leurs branches. Mais déjà nous nous éloignons trop du grand Tanargues d'où partent toutes ces chaînes de montagnes.

472. Une roche vive & quartzeufe compofe l'extrémité fupérieure de fon noyau. Le quartz le plus compacte remplit tous les efpaces ; c'eft le gluten de toutes les fubftances hétérogènes qu'il embraffe intimément dans tous les fens , fans qu'elles adhèrent entre elles , de telle forte qu'elles font toutes ifolées : tels le choerl & quelques parcéles de mica en lofange , qui y font incruftés en petite quantité.

473. C'eft donc ici la véritable matière granitique primordiale dont la bafe intacte conferve toutes les fubf-tances contenues dans un métal ifolé , tandis que dans les granits fecondaires le contenant devient le contenu.

474. Dans les roches granitiques fecondaires , en effet , le quartz qui eft en pâte dans les précédentes , ayant été rongé par les temps , & changé en terre,

n'eft aglutiné avec le mica , le choerl , le feld-fpath , le pétunzé , ou avec une partie de ces fubftances , que par un fuc lapidifique de date poftérieure.

475. Le grand mont Tanargues , vu de loin , reffemble à un groupe de montagnes entaffées les unes fur les autres. La plus haute de toutes avance fa tête chauve vers le bas Vivarais , & femble menacer le pays inférieur d'une cataftrophe la plus défolante , fi jamais fes roches fe défuniffoient ; mais l'équilibre & le poids énorme de fa maffe font foutenus en tous fens par les chaînes de montagnes inférieures , qui , partant de fon fein , viennent fe perdre dans le Rhône en s'abaiffant infenfiblement , & fervent ainfi de points d'appui à ces monts entaffés dans tous les fens poffibles.

476. On conçoit bien à préfent que les lits des ruiffeaux & des rivières creufés dans la pente du terrain incliné vers la Méditerranée , ne fauroient être tracés en zig-zag , comme le dit Bourguet : en effet , fi les eaux de la

Dd 4

mer ou quelque autre caufe ont opéré la pente générale des baffins, fi les eaux courantes ont creufé enfuite, à la longue, les vallées & les lits des rivières dans cet enfoncement, il faut que, fans tergiverfer par angles faillans & rentrans, elles aient coulé du plus haut vers le plus bas.

477. Soit un terrain incliné quelconque, foit encore un courant d'eau qui defcende du lieu plus élevé, n'eft-il pas certain que, fi ce terrain eft mobile ou fablonneux, l'eau s'y creufera un lit dont la direction fera en ligne droite? Or, je demande fi ce courant d'eau peut produire des lits en zig-zag?

478. Soit encore une mer agitée de tous fes courans, qu'elle remue encore fa vafe bourbeufe dans tous les fens poffibles, n'eft-il pas avéré, par le feul afpect des bords de nos mers, qu'il eft impoffible que ces mouvemens, quelque compofés qu'on les fuppofe, ne parviendront jamais à tracer des vallées qui ferpentent? n'eft-il pas démontré que les régions récemment abandonnées

par leurs eaux font des pentes douces, unies, prefque horizontales, ou quelquefois interrompues par des pics de roches calcaires dures d'une exiftence antérieure, fur lefquelles les eaux viennent brifer leurs flots & perdre leurs courans accélérés ?

479. Jettons les yeux encore fur les montagnes volcanifées du Coiron : obfervons les rivières qui ont excavé, à la longue, les vallées qui fillonnent fes plateaux de lave, on n'y voit pas la moindre apparence de ces angles.

480. Les montagnes granitiques, calcaires & volcanifées, ni les bords de la mer n'offrent donc point ce fyftême que Bourguet croyoit avoir apperçu fur les Alpes, & je fouhaite beaucoup d'apprendre fi le Savant M. de Sauffure, qui prépare l'hiftoire de fes montagnes, & à qui nous devons des obfervations fi lumineufes, aura trouvé ces angles faillans & rentrans de Bourguet, & s'il eft également vrai, en delà du Rhône comme en deçà, que nos montagnes

de la France méridionale ne contiennent ni angles faillans, ni angles rentrans, pour qu'on fe décide enfin fur
ces petits objets qui arrêtent la marche
& le progrès des fciences ; car il coûte
autant de détruire de fauffes obfervations que d'en établir de nouvelles.

Les ruiffeaux qui baignent le fond
des vallées affectent, il eft vrai, pour
la plupart, quelques détours dans leur
marche ; telle la vallée qui eft au-deffus
de Defagnes, telle celle qui commence
à la Louvefc & qui fuit vers le Rhône,
telle encore celles de Satilieu, &c. :
c'eft des hauteurs des montagnes que
j'ai apperçu les premiers linéamens
d'angles faillans & rentrans.

Le defir d'obferver encore mieux ces
formes me fit fouvent defcendre vers
ces lieux enfoncés ; mais arrivé dans
ces bas-fonds, & ne voyant plus les
objets fous le même point de vue, je
ne diftinguois plus rien.

482. J'étois alors dans la plus ferme
perfuafion que ces angles faillans &
rentrans n'étoient que des linéamens

imparfaits , lorfque après avoir bien fixé des hauteurs d'autres angles faillans femblables , je defcendis encore dans la vallée pour voir l'état de ces petits avancemens.

485. Je palpai & obfervai dans tous les fens poffibles ces monticules qui avancent & leurs recoins oppofés, lorf- que, comparant la nature du terrain faillant & du terrain rentrant , je re- marquai qu'une roche de nature com- pacte réfléchiffoit le courant de l'eau vers la roche moins dure ou pulvéru- lente ; de là le petit angle. L'eau par fon propre poids retomboit enfuite dans une direction contraire d'où réful- toit un angle rentrant ; mais ces petits faits qui ne font point généraux , qui ne dépendent que de quelques caufes occafionnelles très-particulières , qui ne fe trouvent que dans les bas-fonds des vallées, ne fauroient entrer pour rien dans le fyftême de la formation univer- felle des montagnes , qui tient à des caufes majeures.

484. Pour ne laiffer fur cet article

aucune obfervation poffible à défirer, parcourons la principale vallée de la province, formée par le courant de l'Ardèche ; vifitons, la bouffole à la main, les Montagnes calcaires & granitiques, & concluons enfin quelque vérité fur cet objet pour l'affirmative ou la négative.

485. Depuis le confluent du Rhône & de l'Ardèche jufqu'au bois de Malbofc, la vallée qu'occupe l'Ardèche eft affez droite, fes parois ne font hériffés que de monticules opérés par les ruiffeaux latéraux qui viennent fe jeter dans la rivière.

486. Dans le bois de Malbofc fe trouve le premier angle faillant ; mais auffi eft-il formé d'une roche vive de marbre qui a déterminé les eaux vers un fol plus aifé à miner.

487. A un quart de lieue au-delà fé trouvent deux angles faillans, celui de Chames & celui du pont d'Arc ; mais ce font encore ici des roches plus dures que le fol du voifinage.

488. A Saint-Alban l'Ardèche forme

un autre angle ; l'action de la rivière
de Chaſſezac qui a creuſé auſſi une
vallée , a permis à l'Ardèche de s'a-
vancer, & a réuni ſes forces avec les
ſiennes.

489. A Chauzon ſe trouve encore un
angle ſaillant ; mais ici l'Ardèche quitte
un lit de cailloux pour miner un lit de
terre ou de ſable.

490. Sous Aubenas le cours de l'Ardèche ſuit un angle dont la pointe eſt
ſous l'Echelette ; mais c'eſt parce que
quittant la plaine du pont formée de
cailloutages , elle eſt rejetée par les
roches vives & perpendiculaires qui
ſont en face de cette ville.

491. La vallée de Mayres qu'elle parcourt, eſt trop droite enfin pour placer
ici des angles ſaillans & rentrans : les
roches qui la compoſent ne ſont à droite
& à gauche que des pics délaiſſés par
les eaux courantes latérales , qui ſont
ſans ſyſtême & ſans correſpondance.

Voilà donc ſix angles ſeulement dans
cette vallée , qui, dans l'eſpace de quarante lieues , ont été formés par des

caufes occafionnelles, & nullement par les caufes générales qui préfident à l'économie des montagnes.

J'avois pris une forte réfolution de ne jamais prendre la peine de contredire aucun Auteur mort ou vivant, & de rendre hommage à tous les écrivains qui m'ont inftruit. J'étois perfuadé, comme je le fuis encore, que les difputes littéraires n'aboutiffent pas à grand chofe ; mais j'ai été obligé de tant courir par monts & par vallées pour conftater ces faits, que je laiffe paroître ces obfervations, en me vengeant de Bourguet à qui nous devons, d'ailleurs, un bon ouvrage fur les criftaux (*).

492. La forme extérieure des montagnes granitiques a éprouvé d'étranges

_____

(*) La carte de l'Académie des Sciences paroît enfin depuis peu de jours, elle confirme toutes mes obfervations : le fyftême des angles faillans & rentrans ne s'y trouve nulle part ; & fi M. de Sauffure les enlève à leur pays natal, c'en eft fait du fyftême.

variations depuis leur formation. Le
fyftême des chaînes qui partent en
forme de rayons du grand Tanargues,
eft tout dérangé dans le terrain qui avoi-
fine la montagne de Brifon, que je crois
avoir été contiguë jadis avec le noyau
du Tanargues par une chaîne que les
eaux ont coupée : à cette époque les
montagnes de Brifon qui prennent leur
origine vers Senilhac, formoient une
chaîne attachée au Tanargues, comme
toutes les autres chaînes voifines.

La tour de Brifon eft bâtie fur le
fommet de cette chaîne qui paffe à
Noujaret, & fe prolonge jufqu'à Cham-
puffas où elle a été coupée par le
ruiffeau ; elle s'avance enfuite vers
la Boule, & fe joint au grand Tanargues.

Cette chaîne eft aujourd'hui interrompue par le ruiffeau qui s'eft creufé
profondément un lit, dont le cours
coupe à angles droits la direction de la
chaîne ; ce qui empêche d'en obferver
l'ancienne connexion avec le Tanargues.

La tour de Brifon eft célèbre par
une fingulière fuperftition qui règne

dans tous les pays d'où l'on peut l'appercevoir : elle eſt bâtie ſur le pic le plus élevé de la montagne : le beau Château qu'on trouve ſur le penchant appartient à une ancienne Maiſon qu'on ſait être une branche de celle du Roure.

CHAPITRE

CHAPITRE V.

Des substances hétérogènes qui forment les roches vitreuses ou granitiques du Vivarais. Quartz. Mica. Pétunzé. Choerl , &c.

POur connoître un corps composé, il faut d'abord distinguer ses parties constituantes ; & pour distinguer ces parties , il faut les connoître en détail: c'est là la marche de l'esprit humain dans ses progrès dans les sciences.

492. Une roche granitique , comme une roche de poudingue , est l'agrégat de plusieurs corps divers aglutinés : si le Naturaliste veut connoître l'origine de cette pierre qui forme les hautes montagnes sourcilleuses du globe , & qui tient une place principale dans son méchanisme , il faut nécessairement la distinguer de toute carrière de marbre qui est d'une autre nature ; il faut ensuite examiner si elle est posée sous

les carrières calcaires , ou fi elle eſt au
deſſus. Ce fut là , au moins , la méthode
à laquelle je m'attachai , lorſque dans
mon premier voyage à la Montagne ,
fait pendant les vacances de 1772 , je
comparai les pierres du pays inférieur
avec celles des élévations : à cette
époque j'appris à diſtinguer les monumens des deux grands faits de la nature , & à les décrire felon leurs apparences particulières.

493. Nous avons en Vivarais des granits , des fchiſtes vitrifiables , des grès ,
&c. Or , toutes ces roches font compofées en tout ou en partie de quartz , de
mica , de choerl , de pétunzé , &c. :
examinons donc foigneufement chaque
partie , nous verrons enfuite quelles
font les contenantes & quelles font
les contenues , pour diſtinguer , s'il eſt
poffible , les plus anciennes : ces recherches font , fi je ne me trompe , les plus
intéreſſantes qu'on puiſſe propofer fur la
théorie du règne minéralogique , lorfqu'on veut procéder dans cette partie
d'après des obfervations & des faits.

LE QUARTZ.

494. Le quartz, ou le verre naturel, eft la bafe principale des matières granitiques ou vitreufes qui compofent une partie du globe terreftre ; il eft tantôt la partie contenante, ou le gluten univerfel des grains de mica, choerl, &c., & tantôt il eft lui-même la partie contenue. Plufieurs Auteurs l'appellent feld-fpath , pétunzé des Chinois, &c. : il y a néanmoins quelques différences que nous ne devons point paffer fous filence.

495. Quelque pure que foit cette fubftance, on trouve dans les pierres précieufes & autres criftaux colorés des principes de plufieurs minéraux fecondaires.

496. Le quartz fe trouve fouvent en grandes maffes dans l'intérieur des roches vives granitiques, il forme des globes immenfes à couches concentriques enclavées dans le granit. A mefure que ces couches s'approchent de leur

E e 2

centre , elles deviennent plus pures ; bientôt elles affectent une criſtalliſation : des aiguilles géométriques ; enfin , tapiſſent l'intérieur de ces globes creux.

497. Le quartz vif , ſans être interrompu par des fentes , ni criſtalliſé , contient ſouvent , dans les mines de plomb , des cubes de ce métal ſans mélange d'aucune autre ſubſtance étrangère & ſans aucun vide. Les mines de plomb d'Ethèſe dans le Haut-Vivarais , Diocèſe de Vienne , en contiennent une grande quantité. *Voyez ci-après mes voyages minéralogiques dans le Viennois.* On ſait que le quartz eſt la gangue de pluſieurs minéraux.

498. Le quartz renferme quelquefois des aiguilles de choerl qu'il embraſſe étroitement ; mais je n'ai jamais vu le choerl contenir des quartz.

499. Le quartz qui réſiſte à l'action d'un feu le plus véhément, qui décrépite plutôt que de fondre , devient ſouvent pulvérulent, d'un blanc opaque & laiteux , par l'action des filons ſulfureux qui l'environnent. J'ai conſervé une

certaine quantité de ces quartz décom-
posés, & devenus comme argileux,
tirés de la mine de foufre de Défagne.

500. Le quartz paroît difféminé dans
un grand nombre de fubftances terreftres : il fe loge même quelquefois dans
certains récipiens, ou dans certains
corps qu'il affecte de choifir parmi plufieurs autres ; il agatife des troncs d'arbres en entier ou en partie, témoin
celui que j'ai trouvé au col de Lefcrinet
en Coiron.

501. Ces phénomènes qui fe paffent
dans des terrains calcaires, annoncent
l'ancienne difperfion de cette fubftance
dans les parties où il fembleroit d'abord
qu'elle ne doit point fe trouver ; ils
montrent encore l'étonnante divifibilité
de la matière quartzeufe qui choifit les
pores les plus déliés, pour s'y précipiter, y devenir fixe, & compofer un
tout d'une nouvelle nature, qui ne conferve de la précédente que la forme extérieure, femblable à l'inftrument trouvé dans les mines d'argent de Saint-
Sauveur, jadis exploitées par les Ro-

mains : une partie du manche de bois de cet inftrument a été trouvée de nos jours changée en minéral.

502. On trouve dans plufieurs géodes de quartz des criftallifations fpathiques. Toutes les géodes de cette efpèce, que j'ai obfervées jufqu'à préfent, m'ont offert ces fpaths plantés fur les quartz : ce qui femble prouver une formation poftérieure.

Si au contraire il fe trouvoit des quartz enracinés avec les fpaths, fi ces deux efpèces de criftaux étoient confufément mêlées vers la bafe commune, il faudroit admettre une criftallifation contemporaine des deux minéraux, & la féparation des aiguilles auroit été faite par les lois connues des affinités qui, dans des fluides compofés de parties hétérogènes, engagent les parties fimilaires à fe réunir, & à faire corps à part.

503. Le quartz donne une mauvaife odeur, lorfqu'on le frotte contre le quartz : pendant la nuit le plus léger frottement occafionne des traînées lumineu-

ses qui suivent tous les points de contact.

504. Dans les roches granitiques sécondaires le quartz est *contenu* en forme de grains bruts , ou en forme de cristaux toujours irréguliers & mutilés ; & dans les roches granitiques premières , il est lui-même *contenant* ; il aglutine alors toutes les parties hétérogènes qui forment le granit.

Le quartz combiné avec les gypses , l'argile , &c. , est employé dans les fabriques de porcelaine. On peut consulter le traité qu'en a écrit M. le Comte de Milli de l'Académie des Sciences , où l'on trouve des vues pratiques & théoriques les plus profondes sur la Chymie.

On peut consulter encore , au sujet du quartz , le beau traité sur les cristaux de M. de Romé-Delile , le plus complet que je connoisse en ce genre , & dans lequel se trouvent la théorie la plus lumineuse & la nomenclature la plus sûre.

505. La ville de l'Argentière est située

dans un enfoncement très-profond : elle
est environnée d'un amphithéâtre formé
de couches parallèles

C'est dans la grande couche de granit , sur laquelle reposent les terres
végétales de la montagne de Bédéret ,
qu'on trouve quelques filons de cristal
de roche dont nous allons parler.
On sait que cette matière est de même
nature que le quartz.

506. Nous obferverons que , dans
toutes ces veines vitreufes , les filons
font inclinés , & les couches de la matière vitrifiée parallèles entre elles &
horizontales.

507. Ces observations femblent montrer que ces cristaux font d'origine fluide ; & comme d'ailleurs il existe quelquefois des globules d'air dans ces matières cristallisées de nature vitrifiable ,
on doit conclure que c'est à la transfu-
dation aqueufe des roches ambiantes,
ou à toute autre eau impregnée de molécules vitreufes & très-déliées, que ces
cristaux de roche doivent leur formation.

508. Nous en avons d'autres preuves dans les criſtaux qui, n'étant point de nature vitrifiable, approchent davantage de la nature calcaire : ceux-ci dont la matrice eſt une pierre de cette nature, ſe trouvent mêlés quelquefois avec divers autres corps étrangers, tels ceux que nous avons vus en deſcendant d'Aillou vers Vinezac.

509. Le criſtal de roche eſt la matière la plus pure, la plus homogène qu'on connoiſſe ; c'eſt peut-être la baſe des pierres précieuſes & des diamans, dont il ne diffère que par la dureté : ſi l'on veut contrefaire ces pierres précieuſes, on eſt même obligé d'employer ce criſtal pour ſervir de matière principale.

510. Nous avons ſur le ſommet de toutes nos montagnes granitiques, & ſur celles qui ſont au deſſus de la Baſtide, la Souche, Mayres & autres montagnes de nature vitriforme, des belles carrières dans leſquelles ſe trouve le quartz le plus blanc & le plus pur. Sa dureté n'eſt pas bien conſidéra-

ble ; mais auffi il eft remarquable par
la forme & les divifions de fes filons, ou
des carrières obfervées en grand.

511. Tantôt c'eft un grand bloc en
forme de géode, de quatre à fix pieds
de diamètre, détaché de la montagne.
L'intérieur qui n'a jamais été expofé à
l'air, ni à la lumière, eft hériffé d'une
infinité de pointes à plufieurs faces, du
plus beau blanc. De là leur propriété
de réfléchir la lumière. En obfervant
en plein jour un bloc de ces criftaux,
toutes les couleurs connues en émanent
avec un éclat éblouiffant, à caufe de la
grande multiplicité des furfaces & des
fens divers, qui renvoyent chacun une
couleur diftincte, felon les lois connues
des réflexions.

512. Ce qu'on doit remarquer ici,
ce font les criftaux montés naturellement fur d'autres criftaux inférieurs, qui
leur fervent de bafe & de point d'appui ; de forte qu'on voit plufieurs rangs
concentriques de criftaux dont les angles pointent vers le centre de cette efpèce de géode. J'ai vu un grand nom-

bre de ces couches parallèles de criftaux pofés fur d'autres couches femblables.

513. Tel étoit un rocher détaché, compofé de quartz, & de deux ou trois blocs de granit qui inveftiffoient fa maffe. N'ayant pas de bons inftrumens pour le partager en plufieurs pièces, je pris le parti de le précipiter d'une élévation confidérable : un levier de bois le fit tomber fur un roc vif de granit inférieur, il tourna enfuite au tour de lui-même, & fe fracaffa après plufieurs bonds en trois blocs au bas de la montagne, préfentant des finuofités intérieures qui donnoient les couleurs les plus vives.

514. Les filons de quartz vers les fommets de ces montagnes n'ont point de directions particulières affectées. Ils font néanmoins plutôt horizontaux que perpendiculaires; mais ils font toujours remarquables par leurs détours & leur voie entortillée. Il y en a de couleur capucine, & de diverfes autres nuances.

515. Ce qui eft plus remarquable,

c'eſt de voir l'action deſtructive des temps & des variations de l'atmoſ-phère, ſur ces ſubſtances les plus pu-res que nous connoiſſions. Ces quartz ſi tranſparens & ſi durs, qualités qui les diſtinguent de tous les autres miné-raux, perdent à l'air une partie de leur tranſparence & de leur dureté. Si la mine de quartz miſe à nud eſt expo-ſée aux injures des temps, on voit alors les criſtaux qui la compoſent ſe ternir & devenir terreux ; le poli des faces diſparoît totalement ; le détritus du nouveau corps décompoſé n'eſt plus qu'un monceau de terre griſe, & ne préſente au microſcope qu'un élé-ment informe, toujours inattaquable par les acides. C'eſt ici une preuve inconteſtable de l'altération perpétuelle des corps les plus compactes, & ſur-tout de la métamorphoſe des granits en ſcories terreux, ou en terres ar-gileuſes, comme nous le dirons dans ſon lieu. De ſorte que les laves & les autres pierres compoſées ne ſont pas ſujettes excluſivement à l'altération, puifque le quartz expofé au fommet des montagnes vitrifiables fe ternit & fe décompofe dans l'efpace de quelques années ; car j'ai vu ces criftaux fe ternir à côté des chemins neufs creufés dans des roches à filons quartzeux, entre Aubenas & Jaujac.

516. Dans ces criftaux dégénérés j'ai obfervé, relativement aux autres, une couleur de plomb qui avoit fuccédé à leur tranfparence ; ces quartz émouffés avoient perdu une partie de leur poids & dureté, de forte que cette fubftance qui réfifte à toute la véhémence du feu fans fe fondre, au moins lorfqu'on ne l'unit pas à un fondant, ne peut fupporter l'action des frimats, des gelées, ni celle de l'acide fulfureux qui domine dans cette contrée.

M I C A.

517. Le mica, fouvent appelé *talc* par les Naturaliftes, eft une fubftance feuilletée qui fe délite quelquefois très-aifément. Ses lames font élaftiques, &

lorfqu'on les plie un peu trop , elles fe coupent , & fe fubdivifent encore en d'autres lames plus minces.

518. La fituation du mica eft fingu-lière dans les granits du territoire de Roubreux près de l'Argentière ; il s'y montre en petits lofanges très-régu-liers , placés entre les grains de quartz.

519. M. Sage de l'Académie des Sciences , qui a fi bien écrit fur la mi-néralogie docimaftique , dit qu'il exifte de mica alumineux & non-alumineux , que le premier s'exfolie au feu fans fe vitrifier , qu'en faifant bouillir une dif-folution d'alun avec la terre nouvelle-ment féparée de ce fel , par le moyen de l'alcali fixe , on obtient un fel tal-queux femblable au mica.

520. J'ai trouvé en Vivarais du mica tranfparent , noir , grifâtre , &c.

521. J'ai vu des carrières de granit , fituées fur le penchant du mont de Cha-labrèges , coupées à pic : la fente étoit remplie d'un amas de mica noir difpo-fé en forme de couches parallèles avec

les surfaces du granit, qui font leur gangue.

522. L'adhéfion de ces filons avec cette gangue eft fi intime, qu'en coupant un bloc de mica, il fe détacha avec une partie de la roche granitique qui le contenoit.

523. J'ai obfervé encore, en defcendant de Loubareffe à Valgorge, d'autres filons de mica de couleur violette, contenus dans la roche vive granitique.

524. A Antraigues & à Burzet on trouve des roches entières de mica pur de couleur d'or ; on s'en fert dans les bureaux pour fécher l'écriture.

525. J'ai fouvent effayé de fondre nos mica, jamais je n'ai pu réuffir à l'entreprife.

LE PÉTUNZÉ.

526. Cette fubftance qui entre dans la compofition des porcelaines, eft trèscommune en Vivarais : nous en avons des montagnes entières. Je ne doute pas qu'en établiffant des fabriques de

porcelaine , nos pétunzés ne réuſ-
ſiſſent après quelques eſſais. Ils dominent ſur-tout dans les roches des
montagnes de Roubreux près de l'Argentière , ils ſont diſpoſés ſur des lits
inférieurs de roches calcaires , dans leſquelles ſont mélangés divers ſables
quartzeux.

Le pétunzé a mérité ici une place ſéparée , à cauſe de ſes propriétés. Le
Vivarais , pays très-pauvre , ſeroit fort
heureux , s'il tiroit parti de ſes pouzolanes , de ſes pétunzés , de ſes eaux
pures pour la fabrique du papier , de
ſes mines & de toutes les ſubſtances que
l'homme peut convertir à ſon uſage ;
ces fabriques occuperoient un peuple
nombreux. L'amour de la patrie nous
fera toujours rechercher les avantages qu'elle peut retirer de ſes richeſ-
ſes naturelles.

527. Les environs des Hubas , fort
curieux par la variété des ſubſtances granitiques que j'y ai obſervées , offrent du
pétunzé en grandes maſſes , qui eſt
très - pur & avoiſiné de quartz. Le
village

village de ce nom , appartient à l'ancienne maifon d'Agrain établie à l'Argentière.

LE CHOERL.

528. Cette fubftance fe trouve fouvent engagée dans le granit le plus vif. Ceux que j'ai trouvés fous le château de Montréal en contiennent une très-grande quantité. D'autres fois cette matière perce dans le quartz le plus compacte, dans le fpath , dans les laves poreufes , dans le bafalte , &c.

529. Il fe préfente tantôt fous la forme d'aiguilles , tantôt fous celle de prifmes , quelquefois fous celle d'une fubftance brûlée & bourfoufflée comme les laves poreufes.

530. Le choerl qu'on trouve ainfi parmi les laves fond très-facilement , même à un feu médiocre , donnant un émail couleur de fer : fondu avec les laves poreufes , il ne fe mélange point toujours avec elles ; fouvent il perfifte à faire corps féparé , à moins qu'on ne le pulvérife ; car alors il difparoît après la

Tome I. F f

fufion du total : d'autres fois il fe fond entiérement avec les fubftances avec lefquelles il a une plus grande affinité.

531. Le choerl qui fe trouve dans le granit eft inattaquable aux acides, &c.

Après avoir confidéré ces principes divers des granits, voyons-les dans leur état d'agrégat, en examinant les variétés de cette pierre intéreffante.

CHAPITRE VI.

Description des diverses Roches vitri-
fiables du Vivarais. Granit primordial.
Granit de seconde date. Granit gra-
nulé. Granit calcaire. Granit poudin-
gue. Grès , &c. Agates. Matières
filicées ou vitrifiables dans le roc vif
calcaire , ou dans la marne. Zéolites.
Théorie de ces criftallifations.

LEs Naturaliftes ont donné le nom de
granit à un très-grand nombre de carrières fort différentes entre elles , tant
par leur nature que par leur antiquité.

532. Dans l'hiftoire naturelle des
pierres , il paroît cependant qu'on doit
diftinguer , dans l'agrégation de plufieurs
fubftances , quelle eft la *contenante* &
quelle eft la *contenue.*

533. Or , dans les granits primitifs
le quartz renferme fi bien toutes fes
autres parties hétérogènes conftituantes ,
qu'elles ne peuvent fe féparer de la

maffe totale , fans détruire la folidité du quartz.

534. Dans les roches granitiques de feconde date , les parties quartzeufes , au lieu de contenir les autres , font elles-mêmes , au contraire , une des parties contenues , & n'ont pas plus de droit dans la roche que les autres.

535. Dans la carrière granitique primordiale le quartz paroît avoir embraffé jadis , en forme liquide , toutes les fubftances hétérogènes , comme la glace embraffe tous les corps qui font à fa rencontre pendant la congélation.

536. Dans la roche granitique de feconde date le quartz pulvérulent eft aglutiné avec les autres parties.

537. Jamais le granit primordial n'eft pofé fur le fecondaire que j'ai appelé , à caufe de cela , granit de feconde date.

538. Celui-ci , au contraire, eft toujours pofé fur lui.

539. Or , fur toutes ces pofitions réciproques , je dois remarquer , 1°. qu'une roche primitive peut être , en

même temps , *au-deſſus* & *au-deſſous* d'une roche ſecondaire; ce qui demande une explication eſſentielle , non-ſeulement pour le cas préſent , mais encore pour tous les Chapitres de cet ouvrage où il eſt parlé de ſuperpoſition.

540. Une roche primitive peut être *au-deſſus*, lorſqu'elle montre un pic ſaillant & qu'elle n'eſt qu'environnée d'une roche ſecondaire poſée & moulée ſur elle , comme lorſqu'une bande de papier bleu environne un pain de ſucre dont la pointe eſt découverte.

541. Cette roche primitive eſt encore , dans ce même cas , *au-deſſous* de la pierre ſecondaire , puiſque celle-ci eſt poſée ſur elle.

542. Les carrières primordiales peuvent être ainſi au-deſſus des ſecondaires *en élévation*, mais elles ne le ſont jamais *en poſition*.

Ces remarques ſont ſi néceſſaires, que c'eſt en confondant la *poſition* avec l'*élévation*, que des Naturaliſtes ont commis des anachroniſmes en aſſignant l'époque de la formation de quelques carrières.

F f 3

Convenons donc d'un fait , fur cet objet. Il n'eſt pas plus vrai que ce qui eſt le plus haut eſt le plus ancien , qu'il l'eſt que l'Egliſe de Ste. Genéviève de Paris ſoit plus ancienne que la montagne ſur laquelle elle eſt bâtie.

Il arrive cependant , quelquefois , que la plus haute carrière eſt la plus ancienne ; & c'eſt lorſqu'il n'y a point eu de ſuperpoſition récente.

GRANIT PRIMITIF.

543. Le granit primitif ſe trouve fort communément ſur nos hautes montagnes du Vivarais ; c'eſt la roche la plus compacte qui exiſte ſur la terre , puiſque le quartz en eſt le gluten fondamental.

544. Ce granit contient de mica , de choerl , des ſubſtances martiales , des pyrites , des matières cuivreuſes , &c. &c. Ces parties hétérogènes ſe trouvent rarement toutes enſemble ; le quartz eſt même quelquefois ſolitaire , & ne préſente au-dehors qu'une maſſe ſou-

vent informe de verre naturel peu tranfparent.

Nous avons donné toutes les marques diftinctives de cette carrière d'avec fes voifines, dans le Paragraphe (535 & fuiv.) de ce Chapitre.

GRANIT SECONDAIRE.

Vues fur fa formation.

545. Nous venons d'obferver, dans ce Chapitre, la matière granitique primordiale; nous l'avons vue fervir de fondement à toutes les carrières fecondaires : elle eft donc la plus ancienne parmi toutes les montagnes granitiques, puifqu'elle les foutient toutes.

J'ai prouvé encore ci-deffus, & j'offre d'en montrer les pièces juftificatives, que le quartz ne peut réfifter à l'action des acides; je l'ai vu devenir argileux dans le voifinage de quelques filons de foufre : le feu, l'air, l'eau, le froid & le chaud ayant agi, d'ailleurs, fur la fuperficie de ces antiques monta-

Ff4

gnes , pulvérifèrent jadis les parties
extérieures qui donnoient le plus de
prife à ces agens ; les eaux entraînerent
& affemblèrent dans les bas-fonds les
débris pulvérifés. De là les granits
fecondaires du fond de nos vallées.

546. De là encore ces aiguilles de
quartz coupées , felées ou fendues d'une
extrémité à l'autre , que les courans
ont aglutinées , & dont la formation
date de celle des quartz primitifs dont
ils font les déblais.

547. Les granits de feconde date ne
font donc que des efpèces de poudingues , des maffes compofées d'autres
petites maffes qui exiftoient antérieurement , & que la force d'adhérence
inhérente à toute matière homogène ,
fait plus ou moins cohérer, felon les lois
de cette tendance.

548. Or , la matière qui aglutine
tous ces petits corps hétérogènes pour
en faire un granit fecondaire , eft une
terre très-divifée , un fable fin qui s'eft
infinué dans tous les vacuoles que laiffent entre eux les grains de quartz , de

choerl, de mica, de feld-fpath, &c. &c.
Que ce fable fin devienne pulvérulent,
& vous verrez toute la carrière devenir
une maffe terreufe.

549. Combien de fois n'ai-je pas obfervé ce beau phénomène fur nos montagnes granitiques ? Je me plaifois à
manier ces roches dégradées , j'arra-
chois des blocs entiers de granit primitif qui n'avoit pas été altéré ; je
trouvois des criftaux de quartz de la
première époque , la plupart bien confervés , & plufieurs autres minéraux qui
ne font dans cette roche fecondaire
que depuis leur aglutination.

550. Auffi cette pierre eft-elle peu
propre à bâtir des maifons ; les inftrumens des ouvriers s'enfoncent trop dans
fa maffe, & l'eau qui s'infinue entre les
petits grains qui la compofent , les
fépare fort aifément pendant la gelée.

551. Le granit primordial (443)
eft coupé par des fentes irrégulières
qui en divifent la maffe en blocs énormes irréguliers ; & le granit fecondaire

dont nous parlons , eft divifé par des fentes horizontales ou inclinées.

552. Il arrive même fouvent que ces fentes des granits fecondaires font remplies de criftallifations quartzeufes : les carrières font alors plus folides , & moins pulvérulentes , parce que la matière criftalline qui eft venue fe loger & fe mouler dans ces interftices vides , entre les molécules conftituantes du granit, en eft devenue le ciment inébranlable qui foutient les efpaces.

553. L'eau eft donc l'intermède de l'aglutination & de la formation de ces roches fecondaires , puifque le quartz s'eft infinué , à l'aide de cet élément, dans les replis les plus cachés de ces maffes.

554. Dans le granit primordial le quartz étant le gluten univerfel de toutes les parties compofantes , n'offre aucun quartz mutilé , ni aucune autre criftallifation ifolée , excepté dans les vacuoles , les fentes & leurs finuofités : mais dans le granit fecondaire l'on trouve , dans un état de confufion ,

des quarts à facettes mutilés ou ron-
gés; le tout eſt environné d'une ſubſtance
de la nature du grès qui lie tous ces
débris de l'ancien granit ; on y trouve
même des noyaux entiers de ce granit
plus ancien en exiſtence , qui montrent qu'ils ſont leurs véritables décombres.

Voilà aſſez de remarques , je crois ;
pour établir entre les granits une différence bien ſenſible quant à leur origine.

555. La ſuperpoſition réciproque de
ces deux ſubſtances eſt une ſeconde
preuve qui les diſtingue l'une d'avec
l'autre. Le granit ſecondaire ne ſe
trouve que dans les vallées bornées
par des montagnes à crête granitique ,
& il eſt toujours poſé ſur des fondemens
de granit primitif, tandis que le granit
véritable ne ſe trouve jamais ſur lui.

556. Parcourez la vallée de Valgorge , & vous trouverez ces roches
granitiques ſecondaires de tous côtés ;
les courans de la rivière l'ont tellement
minée , qu'elle ſe préſente, du haut de
Loubareſſe ou du grand Tanargues ,

comme une crevaſſe affreuſe, que les roches ſourcilleuſes ſupérieures ſemblent menacer de combler.

557. Or , comme les excavations opérées par les eaux courantes ſont d'autant plus conſidérables & profondes, que le ſol eſt aiſé à miner , il ſuit de ces obſervations que la pulvérulence de ces roches eſt la cauſe de la dégradation de ces montagnes & des déchirures qui les ſéparent , tandis que les rivières qui minent le véritable granit , ont un lit fort reſſerré & moins profond.

558. Le granit ſecondaire , par ces obſervations , ne paroît être donc qu'une maſſe compoſée des déblais du granit primitif, adhérens par la ſeule force de vicinité ou par la tendance univerſelle de toutes les ſubſtances ſimilaires & terreſtres.

M. de la Tourrette Secrétaire perpétuel de l'Académie de Lyon , qui a ſi bien écrit ſur le mont Pilat , n'a point confondu cette ſubſtance avec les vrais granits : les pierres qui forment ces montagnes , ſelon ce Naturaliſte , ſont

une roche grife plus ou moins compacte, approchant quelquefois du granit
par fon grain, par fa fineffe & par fa
dureté, contenant beaucoup de par-
celles micacées & quartzeufes.

GRANIT GRANULÉ.

559. Des grains de quartz bien arrondis, femblables à de petits cailloux
roulés d'environ deux lignes de diamètre, caractérifent cette efpèce de granit.

560. Une terre un peu martiale, des
molécules micacées, des fables extrêmement divifés, forment le gluten de
ces granits granulés. Le quartz, en forme
de petits globes bien arrondis, & fans
aucun angle, fe détache aifément de
la carrière, de telle forte que cette même
fubftance qui fut la bafe ou la gangue
générale de toutes les parties qui compofent le granit primitif, eft elle-même
adhérente à ces maffes par l'office de la
terre martiale qui l'aglutine avec les
autres globules femblables.

Cette variété de granits fe trouve

entre Rocles & Jonas ; j'en ai détaché de la carrière un bloc que j'ai fait graver. *Voyez Planche 5 , Fig. 2.*

GRANIT CALCAIRE.

561. Ce granit est une pierre compofée de quartz , de mica , de choerl de fubftances martiales , cuivreufes , &c. Tout cela est aglutiné par des matières calcaires extrémement divifées , qui fe trouvent combinées avec les matières précédentes.

562. Le granit calcaire n'est pas toujours un agrégat complet de chacune de ces fubftances diverfes ; il y en a fans mica apparent , ou fans choerl , ou fans terres martiales, cuivreufes , &c.

563. Les molécules calcaires n'ont accès dans fa fubftance que lorfque ce granit repofe immédiatement fur des roches calcaires ou fur des terres glaifes de même nature. J'ai à Paris & en Vivarais une fuite de ces granits différens, la plupart calcinables , & portant dans eux-mêmes la quantité néceffaire

de grains de quartz qui lui fervent de fable pour devenir un ciment folide. J'en ai d'autres qui ne fe calcinant qu'avec une difficulté extrême, à caufe de l'interpofition d'une trop petite quantité de molécules calcaires, font néanmoins une effervefcence affez bien caractérifée pour annoncer la préfence de la matière calcaire intérieure.

564. Les phénomènes que préfentent ces derniers granits lorfqu'ils font expofés au grand feu font, 1°. de décrépiter lorfqu'ils paffent fubitement du froid au chaud ; 2°. de devenir, la plupart, pulvérulens, en perdant plus ou moins leur intime adhéfion, felon le plus ou le moins de matière calcaire agrégée qui, paffant dans l'état d'incandefcence, éprouve ce qu'on appelle calcination, tandis que les grains quartzeux, que nos feux débiles ne fauroient attaquer, fupportent l'action de cet élément fans en éprouver aucune altération.

465. Ces granits réduits en une poudre impalpable, & expofés au feu le

plus violent, entrent enfin dans un état
de fufion plus ou moins parfaite, felon
le degré de feu adminiftré, ou felon la
combinaifon ou la quantité relative de
la matière calcinable ; d'autres deviennent pulvérulens : or, voici comment
je conçois ces phénomènes divers.

566. Calciner un bloc de marbre ou
de pierre calcaire, c'eft le changer en
chaux, c'eft évaporer le principe aqueux
& l'air fixe contenus dans fa maffe :
or, comme le quartz ne contient ni
eau, ni air fixe ; ou, pour mieux dire,
comme le feu, quelque véhément qu'on
le fuppofe, adminiftré par les hommes,
n'eft point encore parvenu à féparer
les élémens du quartz , ni à le fondre , il s'enfuit que ces pierres granitiques calcaires expofées à l'action
modérée de cet élément , ont dû
éprouver , dans leur partie calcaire,
cette perte d'eau & d'air fixés. Un état
de pulvérulence a fuivi cette action par
la deftruction d'une partie du gluten
qui combinoit enfemble toutes les parties conftituantes.

567.

567. Les mêmes quartz qu'on fait réfifter à tous les degrés de feu poffibles, entrent, au contraire, en fufion à l'aide de ces mêmes molécules calcaires ; lorfque leur proportion relative eft convenable ; celles-ci deviennent alors le fondant de la partie vitreufe de leur agrégat, comme l'alcali fixe & le quartz mêlés & expofés enfemble à l'action du feu : mais de ce que ces granits particuliers poffèdent cette propriété fpéciale, il ne faut pas conclure que les criftaux de roche ni les quartz foient fufceptibles d'entrer en fufion : l'expérience a appris, au contraire, qu'ils ne fondent jamais par nos feux factices. (*).

_____

(*) Il n'en eft pas tout-à-fait de même des granits. Je trouve dans le Dictionnaire de M. Macquer, qu'on vient de publier, que parmi une fuite d'expériences faites au foyer d'un fameux verre lenticulaire, » un granit des » Voges noirâtre, tirant un peu fur le vert, » s'eft fondu auffi-tôt qu'il a été préfenté au » foyer, avec une odeur très fenfible de

GRANIT POUDINGUE.

568. On trouve dans la rivière de la Ligne , au-deſſus de l'Argentière , ſous le village de Tauriers , quelques roches ſéparées de leurs carrières par l'action des eaux , & poſées au milieu de la rivière.

Le frottement des corps qui ont roulé ſur ces rochers , en ont poli les ſurfaces qui préſentent un amas de morceaux de granit de diverſes couleurs , & aglutinés par une matière vitreſcible

---

» ſoufre & d'acide ſulfureux : un autre mor-
» ceau de granit rougeâtre , à grains fins &
» pointus, d'un brillant de verre , s'eſt fondu
» & vitrifié ; la partie rougeâtre qui paroît
» ſpatheuſe a été changée en un verre
» très-blanc , un peu laiteux ; & la partie
» noire en un verre d'une couleur verte fon-
» cée , bien tranſparent , & un peu attirable
» à l'aiman.

DICT. DE CHYMIE. Voyez le mot *Verre ardent.*

qui en a rempli tous les vacuoles intermédiaires, & qui a formé, de tous ces
morceaux autrefois féparés, un feul
& même corps.

569. Ces rochers ainfi compofés de
corps étrangers, en forme de mofaïque,
reffemblent à de très-beaux marbres formés de cailloux roulés de diverfes
couleurs, & réunis dans un milieu rempli
de fubftances de même nature : ils n'en
diffèrent que par la couleur ; car le
gluten de la fubftance que nous décri-
vons eft de la nature du granit,
n'éprouvant aucune action des acides,
& renvoyant des étincelles très-vives,
lorfqu'on le frappe avec le briquet.

ARGILES PROVENUES DE L'ALTÉRATION DES MONTAGNES GRANITIQUES.

570. La deftruction de nos montagnes granitiques offre les vues les
plus frappantes. Qu'on fe repréfente
une maffe vitreufe de cinquante toifes
d'élévation : que l'agent qui pulvérife

ou métamorphofe en argile ces roches granitiques en attaque l'intérieur, les eaux du Ciel mineront ces parties pourries, l'argile diffoute par les eaux fe féparera, & les points d'appui de la maffe manquant de ce côté, les roches fupérieures fe précipiteront avec fracas.

Voilà la marche que fuit la nature dans la deftruction de nos pics fourcilleux ; voilà l'origine de ces crevaffes ifolées que les feuls courans des eaux n'ont pu ainfi excaver, & qu'on trouve en montant de Défagne vers Saint-Agrève, à l'Argentière tout le long du ruiffeau de Roubreu, au delà des montagnes de Rocles, dans tous les environs de ce Village, & dans prefque toutes nos montagnes granitiques du Vivarais.

571. La décompofition de ces roches ne fe fait point par-tout de la même manière. Dans quelques carrières le gluten de la maffe devient argileux, laiffant le quartz dans fon état naturel. On peut alors juger aifément de la forme des grains avant leur aglutination, d'où réfulta la carrière de granit fecon-

daire : ces quartz n'y paroissent que sous la forme de déblais d'une masse cristallisée antérieurement.

572. D'autres fois les terres martiales ou cuivreuses sont métamorphosées en argile, tandis que les autres parties ont très-bien conservé leur constitution privée, n'ayant perdu que leur gluten, changement qui les a exposées à l'état de pourriture.

573. Souvent le quartz seul est devenu argileux, laissant les autres parties dans un état de pulvérulence.

574. Les argiles provenues de ces roches granitiques ne font point cette effervescence avec les acides, que nous avons vue dans les terres glaises provenues des roches calcaires : elles sont ordinairement plus impures que celles-ci, elles pesent beaucoup plus, elles refusent de fondre au feu le plus violent ; mais une fois dissoutes ensemble dans l'eau, de manière que leurs molécules soient bien mélangées, la fusion s'opère fort aisément.

575. Il est donc incontestable qu'il

exifte dans la nature des glaifes & des argiles, les unes & les autres infufibles féparément, & par là autant différentes entre elles, que le granit l'eft d'un bloc de marbre.

576. Il eft inconteftable encore que ces argiles ifolées fe trouvent mélangées dans plufieurs endroits par la nature même, telles les argiles qui avoifinent les deux zones calcaire & vitrifiable ; ce qui fe démontre par la fufion qu'éprouvent ces argiles fans aucun fondant, puifque leurs molécules agrégées renferment dans elles - mêmes la matière fondante & la matière à fondre. *Voyez ce que j'ai dit fur ces glaifes* (244 & 245).

577. La nature, en décompofant les roches calcaires qu'elle a changées en argile, a fuivi une certaine méthode dans les carrières calcaires à couches parallèles, foit inclinées, foit horizontales : une couche eft fouvent argileufe l'efpace de vingt & de trente pieds, tandis que les couches fupérieure &

inférieure font parfaitement confervées.

578. Paffez à Cheylus en Coiron,
& obfervez la roche calcaire horizontale, fur laquelle fe trouvent les mafures du Château : vous y trouverez des
couches argileufes & des couches de
marbre alternativement.

579. D'autres fois une couche inclinée eft toute argileufe. Souvent on peut
obferver le paffage de cette couche de
l'état calcaire à l'état argileux, & c'eft
ici où j'appelle ceux qui révoquent en
doute ces métamorphofes.

580. Ces remarques placent même la
date de la formation des argiles calcaires d'une manière inconteftable. La
nature n'a pas formé d'abord des argiles féparément, elles ne font qu'une dégradation opérée après le retrait & la
formation des couches.

581. Ces couches ne paffent pas bruf-
quement d'un état compacte à celui
d'argile. Tout eft nuancé : la couche
argileufe horizontale ou inclinée devient

G g 4

pulvérulente , & paffe ainfi de degré en degré à l'état folide.

582. Or , ces remarques femble-roient perfuader que la pulvérulence eſt un phénomène antérieur à celui de *l'argilification* parfaite. Mais ne préci-pitons point un jugement, expofons les faits , & demeurons dans une incerti-tude néceffaire.

583. Dans les roches granitiques , au contraire , la métamorphofe de la car-rière en argile ne s'opère point ainfi avec poids & mefure. La nature ne fuit plus de modèles ; l'intérieur d'une mon-tagne , fes flancs , fa bafe , rarement fon fommet , paffent à l'état d'argile fans loi & fans fyftême.

Auffi les dégradations des montagnes de cette nature offrent - elles les ta-bleaux les plus pittorefques : on eſt frappé de tant de déchirures , de ren-verfemens , de défordres inopinés qui ont droit d'étonner les yeux de l'Obfer-vateur accoutumé à voir fur nos éléva-tions des montagnes d'une organifation uniforme.

J'ai fait une fuite d'expériences fur ces argiles comparées & combinées avec d'autres fubftances. Les réful-tats paroîtront peut-être à la fin de cet Ouvrage, ou féparément dans un traité particulier.

LE GRÉS.

584. Le grès eft une pierre vitrifia-ble difpofée ordinairement en gran-des maffes. La matière vitreufe qui for-me les granits domine dans fa compo-fition, & fes molécules conftituantes & vitriformes font quelquefois fi peu rapprochées, qu'elles donnent paffage à l'eau.

585. D'autres fois le grès eft difpo-fé en tables fuperpofées, affifes la plu-part fur des bancs d'argile. Ces couches font ou horizontales, comme dans les environs de Tauriers, ou inclinées, comme vers le pont de Cous près de Privas.

586. Dans ces deux cas, le grès eft toujours compacte. Auffi s'en eft-on

fervi de tous temps en Vivarais, pour élever les plus beaux édifices.

Telle l'Eglife gothique de l'Argentière ; tel encore le clocher de Chaffiers , l'un des plus beaux que j'aie encore vus, par la hauteur de fa flèche , & par la nature de la pierre qui a été employée à fa conftruction. J'en ai examiné l'architecture d'après les facilités qui m'ont été données par M. l'Abbé Servan : ce bon vieillard refpectable par fes connoiffances, & préfident d'une conférence qui fe tient tous les mois fur les fciences eccléfiaftiques , fournit aux Naturaliftes tous les moyens néceffaires pour obferver fon clocher , où j'ai fait , dès l'an 1773 , mes premières expériences barométriques.

Le clocher de Chaffiers eft bâti fur une roche vive quartzeufe , le granit & le grès font employés à la conftruction de la tour fort élevée , fur laquelle eft pofée une flèche très-pointue de pierre de grès , taillée géométriquement. On a beau s'élever contre l'architecture gothique : la pofition hardie d'un globe énorme de granit fur cette pointe , fuppofe des connoiffances profondes dans la Mécanique. M. l'Abbé Servan m'a communiqué l'original d'*un prix-fait* pardevant Notaire , de fon Eglife bâtie pour la fomme de 690 liv. tournois en 1396.

587. On trouve dans la Paroiffe de Chaffiers des carrières de grès fort curieufes; elles font prolongées en forme de couches , depuis la plaine des Merlets jufqu'au fommet de la montagne de la Côte , & font voifines des carrières granitiques difpofées auffi en couches.

588. Les carrières de grès de la montagne de la Côte font affifes fur d'autres carrières de grès où fe trouvent divers filons de Galène ; & ces maffes diverfes font pofées vers le bas de la montagne fur des couches calcaires horizontales.

589. Lorfque le grain des carrières de grès du Vivarais n'eft pas bien ferré , il s'approprie , dans des temps humides , une grande partie d'eau qui dé-

truit le gluten lapidifique. Les remparts de l'Argentière vers l'allée des maroniers, & divers blocs de grès des murs de l'Eglife fe pulvérifent fur-tout pendant le dégel, lorfque cette pierre a reçu dans fon fein une certaine humidité.

590. Nous avons en Vivarais des carrières de grès compofé en partie de terres calcaires, & en partie d'élément vitreux. On peut croire qu'il fut inondé par les eaux de la mer à l'époque où fes eaux diminuant peu à peu étoient à une élévation mitoyenne entre la plus grande hauteur qu'elles ont fubmergée, & leur niveau actuel.

591. J'ai trouvé dans des roches de grès fituées fous le village de Cous, près de Privas, une fuite de bélemnites très-bien caractérifées dans la fubftance du grès le plus compacte. Le grès paroît donc une pierre très-récente dans l'ordre chronologique des événemens phyfiques de la terre.

592. Le grès contient quelquefois de magnifiques zéolites, dont les rayons

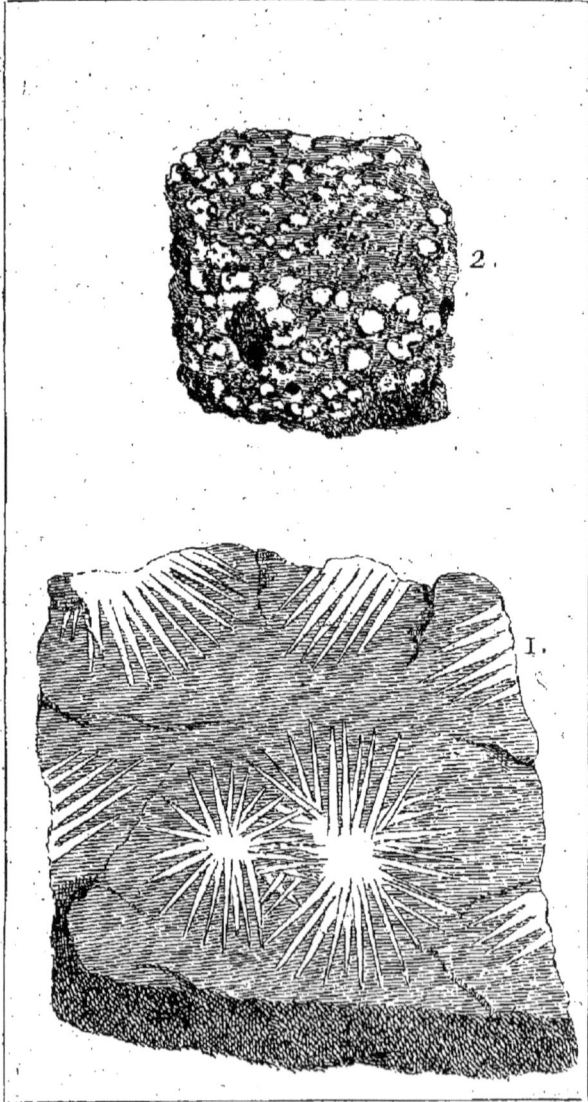

1. *Zeolites.*   2. *Granit granuté.*

divergens font les mieux caractérifés.
On peut en juger par la gravure de
cette criftallifation qu'on trouvera ci-
contre. *Voy. Pl. 5 , Fig. 1.*

593. J'ai obfervé dans la rivière de
Lende fous l'Argentière une zéolite
incruftée dans le grès , d'environ quatre pieds de diamètre ; elle eft environnée de marcaffites : divers filons du
voifinage font même tellement fulfureux,
que la pouffière de ce minéral donne une
couleur bleue très-vive , lorfqu'on la
jette fur des charbons ardens.

494. Dans les grès qui avoifinent
Lefcrinet près les Monts Coiron , &
dans ceux de l'enclos des Cordeliers de
l'Argentière , j'ai trouvé des charbons
dans l'intérieur de leurs carrières ; j'en
ai même confervé divers morceaux que
j'ai en Vivarais & à Paris.

595. Quelque impurs que foient les
grès formés par les eaux de la mer , ils
jouiffent encore de la force de connexion ou de tendance, que nous avons
vu réfider dans toutes les parties fimilaires du Vivarais , & fur-tout

dans les matières vitriformes. Les grès de Fontainebleau se cristallisent d'une manière la plus régulière ; des angles bien dessinés s'élèvent hors des blocs de la carrière.

596. On trouve dans certains grès des zéolites , cristallisations beaucoup plus intéressantes encore : on les observe dans nos grès comme dans quelques autres carrières ; de sorte que si les pierres calcaires ont leurs spaths , si les granits ont leurs quartz , nos grès ont aussi leurs zéolites.

597. Ces zéolites fondent bientôt dans un feu violent avec le grès qui les renferme. Ce mélange donne ensuite une matière grisâtre toute boursoufflée.

598. Les grès dominent en général dans le passage de la zone calcaire à la zone vitrifiable : il faut présumer que, formés du détritus de l'une & de l'autre zone , ces grès & leurs zéolites ne sont fusibles, que parce que la partie calcaire infiniment divisée sert de fondant à la partie quartzeuse.

599. Aussi ces roches de grès qui

contiennent ou qui avoisinent ces zéolites, font-elles souvent une vive effervescence à l'eau forte. D'après ces vues qui me paroissent quadrer avec ces observations, il est possible peut-être d'expliquer la formation de ces zéolites.

THÉORIE DES ZÉOLITES.

600. C'est d'abord un fait incontestable que, dans ces substances, le contenant & le contenu ont été ensemble en état de fluide.

601. La roche contenante l'a été, puisqu'elle renferme des bélemnites, qu'elle est divisée en couches (ouvrage du retrait), & puisqu'elle s'est insinuée dans les plus petits espaces intermédiaires, qui sont entre les aiguilles divergentes de la zéolite.

602. La zéolite contenue fut aussi en état de fluide. Toute cristallisation suppose une gangue pour s'y former, & un état de fluide nécessaire à l'acte de la cristallisation, &c.

603. Nos grès contiennent des cristal-

lifations de plufieurs formes. Ici font des criftaux à rayons divergens; là font des fphères applaties & rapprochées les unes des autres, comme lorfqu'on pofe fur leurs plans cinq ou fix verres lenticulaires.

604. Le retrait des roches de grès qui renferment ces zéolites, s'eft même opéré après leur parfaite criftallifation, puifque deux couches voifines offrent une parfaite correfpondance dans leurs parties de criftaux.

605. La zéolite à rayons divergens n'eft pas toujours géométrique. Le centre d'où partent tous fes rayons n'eft pas toujours pofé à une égale diftance de toutes les pointes. Il arrive même que le voifinage d'une autre zéolite raccourcit les rayons de fon côté.

606. Mais comment fe font donc formées tant de merveilles dans la pierre dure ? L'affinité dont on connoît toute la force en Chymie fuffit, je penfe, pour en expliquer tout le mécanifme. Choififfons donc quelque vérité incontestable,

incontestable, pour l'appliquer aux cristaux zéolitiformes.

607. Lorsque deux substances sont mêlées ensemble dans un fluide, & qu'elles sont sans affinité, elles ne s'unissent point pour former un seul corps, mais elles restent séparées.

608. Lorsque ces deux substances, qui n'ont aucune affinité l'une avec l'autre, sont au contraire douées chacune en particulier d'une grande tendance dans leurs molécules constituantes, comme il arrive à l'eau & à l'huile mêlées ensemble, elles restent séparées en conservant la forme qui leur est naturelle.

609. Il paroît donc probable que la matière vitreuse pure ayant peu d'affinité avec la matière terrestre du grès, & ayant été néanmoins mêlée avec celle-ci, lorsque la carrière de grès étoit encore en état de vase, les parties de l'une & de l'autre substance dissoutes par les eaux pouvoient changer de place respectivement ; or, c'est à ce changement que j'attribue la formation des cristaux zéolitiformes.

Tome I. H h

610. En effet, à mesure que les molécules fimilaires vitreufes , tenües en
fufpens dans le liquide , tendoient les
unes vers les autres plutôt que vers les
molécules hétérogènes terreufes , il fe
fit des féparations des deux fubftances
qui formèrent deux corps féparés hétérogènes , & ces corps durent même
recevoir la forme de zéolite pour plufieurs raifons.

611. 1°. L'égale diftribution des molécules vitreufes , dans la maffe de grès,
occafionna une égale tendance dans
toutes les parties de l'efpace : il fe fit
donc , de toutes parts , des approches
mutuels des molécules criftallifables.

612. 2°. Ces approches durent former des rayons divergens qui partent
d'un centre commun. En effet, foit une
molécule A vitreufe , foient encore des
molécules voifines de même nature B
C D E, &c., il eft évident que fi par
les lois des affinités comues, B C D
E tendent vers A central, ils formeront d'abord quatre ou cinq córps ap-
pofés & faillans. D'autres molécules

vitreufes viendront enfuite fe placer
fur ces quatre ou cinq dernières ; bientôt
toutes les molécules du voifinage ten-
drontvers celles-ci qui font plus proches
que celles du centre ; des rayons fe formeront d'efpace en efpace, ils s'empareront
des molécules de leur département, en
s'alongeant & en groffiffant, tandis que
la matière terreftre hétérogène remplira
les efpaces & occupera les lieux qui fe
fe trouvent néceffairement entre deux
rayons.

613. Il fe formera, par le même mécanifme , divers centres d'affinité ,
parce qu'enfin , quoique la matière vitreufe éprouve des tendances refpectives
dans toutes fes parties , il eft néanmoins
dès milieus difficiles à traverfer. Et ce
que la tendance ne peut faire alors à
caufe de cet obftacle , elle l'opère en
multipliant les fphères d'activité ou en
produifant des groupes de zéolite.

614. Les fubftances zéolitiformes
ne font point rares dans la nature. La
neige tombe en flocons ou en étoiles ;
les flocons annoncent une criftallifation

brufque ou interrompue de l'eau dans
fa congélation ; mais la neige étoilée
ou arborifée provient d'une réunion
de parties faites en ordre géométrique ,
d'où réfultent néceffairement des formés
régulières.

615. En effet , pendant la formation
de la neige , l'humidité de l'air tend à
fe geler , & il fe forme dans l'atmofphère une infinité de petits glaçons
voltigeans.

616. Un glaçon fphérique devient
alors le centre de fix glaçons qui fe
juxtapofent s'uniffent & forment les
rayons d'une étoile, fans qu'il puiffe
s'en former un plus grand , ni un plus
petit nombre ; ce qu'on peut obferver
en entourant un louis de fix autres
louis contigus.

THÉORIE DU SILEX , &c.

617. Les noyaux *de filex* ou pierre
à fufil qu'on trouve dans la marne &
autres pierres calcaires , n'ont point une
autre formation. Leur préfence dans la

roche calcaire confirme même ce que nous avons dit fur l'origine des carrières de cette nature , dans la compofition defquelles la matière vitreufe primordiale eft entrée comme principe.

618. Il fuffit que cette matière première ait été élaborée , divifée , triturée par les eaux , pour que, mélangée avec la matière purement calcaire , elle ait pu s'en féparer d'efpace en efpace , tandis que toute la maffe étoit dans un état de boue.

619. N'eft-il pas vrai , d'ailleurs , que lorfque ces approches fe font faites dans les environs d'une coquille, l'union n'a pu fe faire auffi intimément à caufe des obftacles qu'oppofoit ce corps hétérogène ? Quelques finuofités de la coquille reftèrent alors dans leur état calcaire ; les embarras occafionnés par la coquille dérangèrent la réunion parfaite , & laiffèrent les parties féparées.

620. Les approches faites fucceffivement, expliquent, d'un autre côté, la formation des agates & de toutes les pierres précieufes ou non , qui

font compofées de couleurs ondées , parallèles & juxtapofées. Il paroît que la précipitation de divers principes hétérogènes (quoique analogues par leur affinité) ont formé ces couches.

MINES ET GROTTES DE LA ZONE GRANITIQUE.

621. Le territoire granitique du Bas-Vivarais renferme plufieurs mines de plomb. Celles de Mayres avoient été exploitées par les Romains ; il y en a encore au Cheylard , &c.

622. Les concavités de la ville de l'Argentière , au-deffus du Château , font en partie l'ouvrage de la nature , & en partie l'ouvrage des Mineurs ; j'y ai trouvé des traces de galène & des morceaux de mine enfouis. On entre d'abord dans une fale fpacieufe d'environ quarante pas de large fur cinquante de long ; elle eft couverte d'une roche horizontale de granit fecondaire fans mica.

On pénètre enfuite dans une feconde fale & puis dans un troifième dont la voûte eft foutenue par une pile en cône renverfé : on paffe à travers de blocs de granit amoncelés , & qui fe font précipités de la voûte qui a éprouvé en divers endroits plufieurs retraits : on arrive enfin à un lac d'eau limpide , mais croupiffante , couverte d'une pellicule blanchâtre de la couleur du terrain. Si l'on ne prend garde , en s'en approchant, on rifque de fe précipiter dans le gouffre , fur-tout lorfque les eaux font baffes ; car alors le terrain s'incline confidérablement tout-à-coup. Lorfqu'on éloigne cette croûte blanche , ces eaux limpides reftent peu de temps découvertes ; tout de fuite cette peau qui furnage & qu'on avoit éloignée, revient à fa première place.

Ces eaux m'ayant arrêté dans mes recherches , je fis remplir , quelques jours après , un écuelle de fuif avec une très-groffe mêche ; je la pofai alumée fur un morceau de bois , je lançai dans le lac ce petit bateau illuminé , une plaque clouée au bout d'un bâton fort long excita, en le pouffant contre l'eau , des vagues dont le mouvement éloignoit la lumière ; mais je n'obfervai qu'une continuation de grottes.

CONCLUSION.

Nous avons vû la mer dominer fur les plus hautes montagnes calcaires du Vivarais ; les marbres ont été fon premier ouvrage.

Élaborant enfuite la vafe calcaire en une infinité de manières , fes eaux ont formé, en s'abaiffant, toutes les variétés fécondaires des carrières ; les familles des coquillages fe font multipliées, & les couches des roches calcaires fe font formées par le retrait à l'époque de la defficcation générale , & après la retraite des mers.

Nous fommes montés enfuite fur les fommets des plus hautes montagnes , nous avons décrit leurs maffes vitreufes & leurs variétés, en diftinguant les primordiales d'avec les fecondaires , &c.

L'ordre chronologique des faits de la nature nous ordonne à préfent d'entrer dans des terrains plus récens , & d'examiner les amas énormes de lave & leurs bouches ignivomes.

FIN du Tome premier de l'Hiftoire Naturelle de la France méridionale.

TABLE

Des matières du premier Volume.

FIN de la Table.

www.ingramcontent.com/pod-product-compliance
Lightning Source LLC
Chambersburg PA
CBHW060914220326
41599CB00020B/2964